学校で教えない教科書

面白いほどよくわかる

イヌの気持ち

表情・しぐさ・行動から読み取る感情表現

日本訓練士養成学校教頭　藤井　聡　監修

日本文芸社

はじめに

犬との生活を楽しむ人がどんどん増えています。かわいいから飼う、さびしいから飼うなど理由はいろいろですが、犬と過ごす時間はかけがえのないものです。ところが、「愛犬家」のはずなのに犬の気持ちがわからない人が多くなっているのではないでしょうか。

たとえば、あなたの目の前にいる犬が尾を振っていたとしましょう。愛犬家のなかにも「尾を振っているのは喜んでいるから」と考える人がいますが、これは大間違いです。尾を振っている犬に不用意に近づくとかまれることも珍しくありません。このように、犬の気持ちに対する誤解が、無駄吠えなどの問題行動につながっていることも少なくないのです。

また、犬に関する苦情でもっとも多いのは吠え声です。ところが、「うるさい」という苦情が寄せられても、なかには「犬は吠えるのが仕事。吠えるなと言うほうがおかしい」と主張する飼い主もいるとか。しかし、これは間違いです。

たしかに、犬にとって吠えるのは仕事のようなものかもしれません。でも、犬だって好きで無駄吠えをしているわけではありません。その無駄吠えの裏には、なんらかの気持ちや主張が隠されています。飼い主がそれを理解してやらないため、言葉を持たない彼らとしては、いつまでも吠え続けるしかないのです。飼い主が犬の気持ちを理解し正しく対応してやれば、犬は納得して必ず吠えるのをやめます。

もうひとつ、犬の問題行動を生んでいるのが、犬と飼い主の誤った関係です。「ペットは家族も同然」とよく言われます。そう思いたい気持ちはわかりますが、その言葉を誤解して犬を甘やかしすぎる飼い主が増えています。すると、幼いころからすべての主張が受け入れられて育った犬は、「自分がこの家のボスなんだ」と勘違いします。その結果、飼い主の言うことをまったく聞かず、主張（無駄吠えなどの問題行動）ばかりする、わがままな犬に成長してしまうのです。

犬の気持ちを理解するために欠かせないのが、彼らの本能や行動、しぐさなどに隠された「意味」を正確に知ることです。犬と人間の関係は一万年以上前から続いています。長いつき合いですから、犬の本能や心理はかなりのレベルまで研究されています。しかし、その多くは専門書としてしか流通しておらず、それが犬に対する理解や犬とのコミュニケーションが進まない理由のひとつにもなっています。

本書は、はじめて犬を飼う人から飼育のプロを自称する人にまで役立つテキストになるように、犬に関する最新の研究結果をわかりやすく解説してみました。本書を読んでいただければ、今までの接し方のどこが間違っていたのか、これから犬に対してどのように対応すればいいのか、手に取るようにわかるはずです。

本書が、人と犬とのすばらしいコミュニケーションの一助になることを願っています。

藤井　聡

面白いほどよくわかる　イヌの気持ち／目　次

第2章 習慣に見る犬の気持ち

第3章

行動から知る犬の気持ち

第4章 犬の心と体

第5章

オスとメスの行動学

編集・執筆／幸運社　岡崎博之
本文イラスト／アートワーク

第1章

しぐさでわかる犬の気持ち

しっぽを振っているからといって喜んでいるとはかぎらない

―しぐさで気持ちをわかってやろう

犬は言葉を発することができないため、態度や気持ちは体でしか表現できません。そこで、私たち飼い主が飼い犬のしぐさを見て気持ちを理解してあげなければ、うまくコミュニケーションはとれないわけです。

犬を飼っている人の中には、「飼い犬がなついてくれない」「ちっとも言うことをきかない」という不満を口にする人が少なくありません。

しかし、それは、犬が発している気持ちのサインを飼い主が正しく読み取っていないために起きること。「○○だから△△なのだろう」と、自分（人間）を基準にして考えていると、犬の気持ちは正反対だったということはよくあります。たとえば、しっぽの動き。「犬がしっぽを振っている＝喜んでいる」と思い込んでいる人が多いようですが、これは大間違い。

「喜んでいると思って手を出したらかまれた」という事故が起きるのは、犬だけが悪いのではなく、犬の気持ちを理解できなかった人間のほうにも責任があるのです。

犬がしっぽを振るのは、基本的に、目の前にいる人間や犬、物などに興味を持ち、注視しているとき。けっして友好的な態度を示しているわけではありません。

初対面の人が家を訪ねてきたときに、しっぽを振って興奮気味に出迎えてくれる犬もいますが、それは「コイツ、なんだか怪しいぞ。敵じゃないか」と思っている証拠です。

こんなときに歓迎してくれていると思い込み、いきなり頭をなでようとすれば、犬は「あっ、攻撃してきた」と考え、ますます興奮状態に陥ります。そして、手をガブリとやられることになるので、勘違いしないようにしてください。

ただ、犬が穏やかにしっぽを振っている場合は相手に服従性を示そうとしている気持ちの表れです。

しっぽを振っていても、喜んでいるとはかぎらない
怪しいぞ
敵か？

コラム

人間が犬と暮らしはじめたのは、およそ１万5000年前。当時の人はまだ穴居生活を送っていて、犬はもっとも古い家畜といわれています。犬は遺伝的にとても変異しやすい性質を持っていて、400種類以上の品種があるといわれています。

上向きにしっぽを振っていても振り方で犬の気持ちが違う

警戒心はしっぽを振るスピードと比例する

犬の気持ちは、しっぽがどちらを向いているかによって、ある程度わかります。

たとえば上向きにしっぽを立て、ゆっくり振っているのは自信満々なとき。「自分は偉いんだ！」と思っていますから、「かわいいね」などと頭やお腹をなでようとすると、「格下のお前が何をするんだ！」と反発され、ガブリとやられる可能性があります。

ただし、この場合のガブリは、「オレのほうが偉いんだから、そんなことやめておきな」というサインを相手に与えようとしているだけで、ひどいケガを負わされることはないようです。

同じ上向きでも、しっぽを小刻みにせわしなく振っているときは、警戒しています。初対面の犬がしっぽを振って近づいてくることがありますが、これは歓迎しているのではなく、「なわばりに入ってきたのはいったい誰だ？」という警戒の態度なのです。

こんなときに「かわいいワンちゃんだね。よしよし」などと手を出すのは危険です。しかも、このときのかみ方は本気ですから、相手が小型犬でも安心はできません。

このように、犬の気持ちはしっぽを振るスピードからある程度わかります。具体的には、犬の警戒心の強さは、しっぽを振るスピードと比例していると考えてください。つまり、小刻みにブルブル震えるように素早くしっぽを振っているときには、かなり警戒心が強いということです。

ただし、次第に振り方がゆっくりになるのは警戒心が薄れつつある証拠ですから、あなたのことを受け入れようとしていると考えていいでしょう。いずれにしても個体差がありますから、けっして振り方ひとつですべて同じ意味ということではありませんので注意してください。

しっぽをゆっくり振る
＝
警戒心〈小〉
しっぽを小刻みに振る
＝
警戒心〈大〉

コラム

犬のしっぽはご先祖様のオオカミと比べて、かなり短く小さくなっている犬種もおります。さらに、柴犬など日本犬の多くは、しっぽが上に巻き上がっています。これは、野生の動物を家畜化した場合に表れる現象で、イノシシとブタにも同様の違いが見られます。

下向きにしっぽを振るのは犬がうれしいとき

口角が上がっているのも、うれしさの表現

犬がうれしい気持ちを表すとき、しっぽはどんな動きをするのでしょうか。まず、しっぽの向きは少し下向きになります。そして、腰を少し落として円を描くように振るのがうれしいときです。

しっぽのどこが動いているのかにも注目してください。うれしいときや飼い主や他の犬と仲良くしたいと思っているときには、付け根からしっぽをブンブン振っているはずです。

逆に、しっぽの先だけを小刻みに振っているときは、警戒している証拠。しっぽが斜め下を向いていても、こんなときは近寄らないように。

ごほうびやおいしいご飯をやったときに、やや下向きにしっぽを振ることがありますが、これは「こんなすばらしいものをくれてどうもありがとう」と感謝している証拠。「どういたしまして」と言いながら頭をなでてやると、もっと犬と仲良くなれるはずです。

ちなみに、イタリアで発表された研究結果によると、うれしい気持ちを表すときには、しっぽを右側へ大きく振るそうです。私たち人間の脳は右脳と左脳に分かれており、左脳が感情を司っているため顔の右半分に本心が出やすいといわれていますが、犬にも同じことがいえるのかもしれません。

しっぽの振り方だけではよくわからないという人は、犬の顔に注目してみましょう。

私たち人間は笑うときに口角が上がりますが、じつは犬にも同じことが起きます。正面から犬の顔を見て口角が上がって笑っているように見えたら、それはうれしいとき。口もとがゆるむことによって舌が出るのが一般的です。

また、はっきりした声で「ワン！」と吠えるのもうれしい証拠。無駄吠えはご近所の迷惑になりますが、このときだけは叱らずに許してあげたいですね。

しっぽで表す気持ち

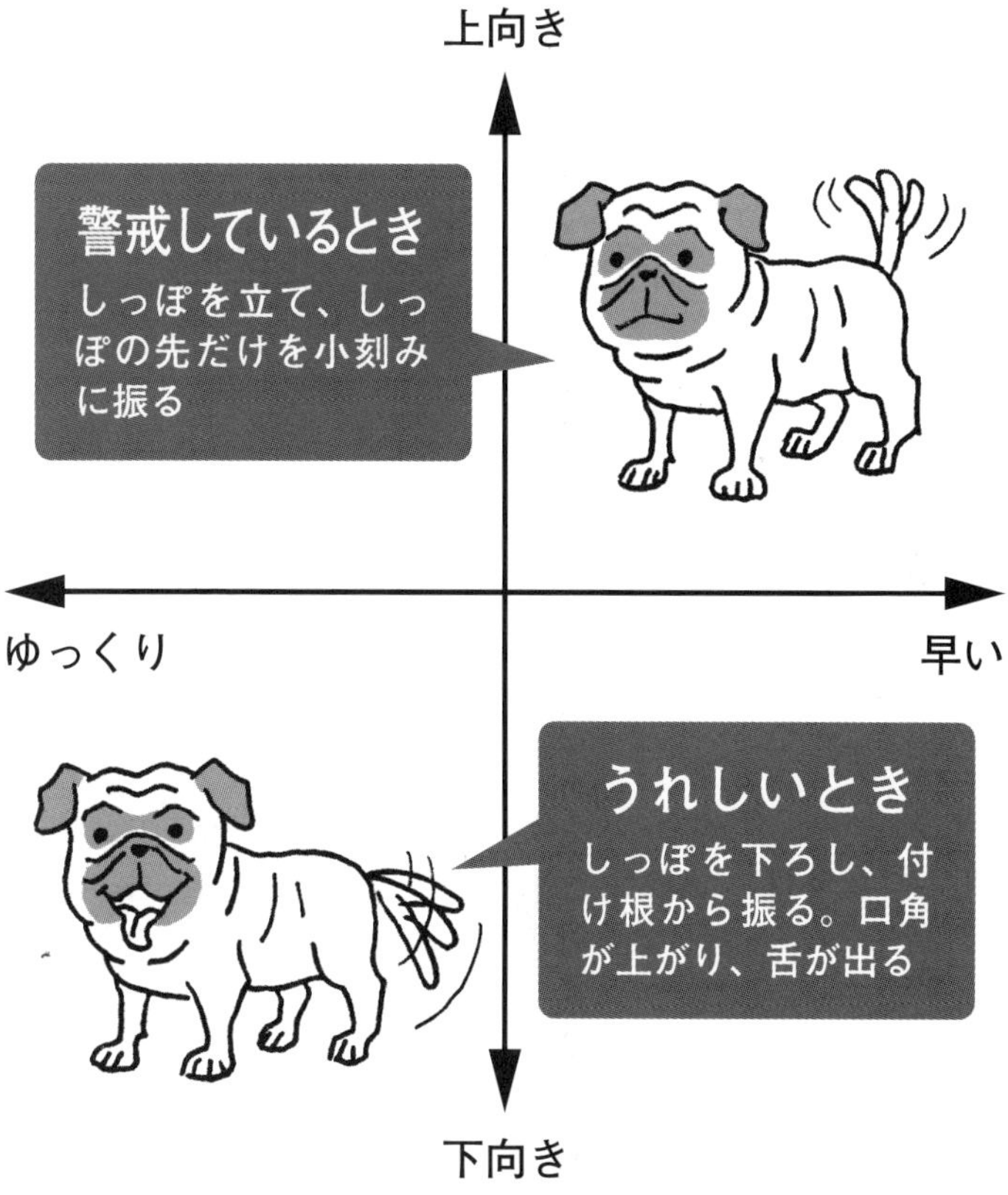
上向き
警戒しているとき
しっぽを立て、しっぽの先だけを小刻みに振る
ゆっくり
早い
うれしいとき
しっぽを下ろし、付け根から振る。口角が上がり、舌が出る
下向き

コラム

犬のしっぽには骨があるので、他の部分と同じように、強くぶつけたり何かにはさまれると骨折や脱臼をします。あまり強く引っ張ると曲がったり、動かなくなることがあります。とくに、子犬のしっぽの骨はもろいため、ちょっとしたことで障害が残ります。

犬がおびえているときはしっぽを後ろ脚の間に巻き込む

闘いなどに負けて逃走することを「しっぽを巻いて逃げる」といいますが、じつはこの言葉、犬のしぐさから生まれた言葉です。つまり、犬がしっぽを後ろ脚の間に隠しているときは、恐怖や不安でおびえているとき。もっとよく観察してみると、こんなときは体を低くして、背骨も丸めているはずです。

このとき犬は「あなたに刃向かうつもりはないので、これ以上攻撃しないでください」と訴えています。追いつめられているようなものですから、こんな態度を見せたら、これ以上犬に恐怖感を与えないようにしましょう。

もし犬に近づくなら、ポイントは立ったままではなく、しゃがむなどして低い姿勢になること。目線の高さを犬と同じくらいにすることによって、恐怖感を減らせます。そして、正面に向かい合わずに横向きか背中を見せて無視してください。声をかけてなだめようとすると逆に恐怖感を増してしまいます。小型犬や臆病な犬など、闘うのが苦手なタイプほど、このしぐさをよく見せます。犬がこんなしぐさを見せると、おもしろがってしつこくちょっかいを出す人がいますが、「窮鼠《きゅうそ》猫をかむ」という言葉どおり、犬は捨て身の覚悟で反撃してきます。

自分の身を守るための必死の攻撃ですから、加減せず思い切りかみついてきますので、くれぐれも追いつめないこと。

また、後ろ脚の間に巻き込むほどではないが、しっぽをダラリと下げて力なく小さくゆっくり振っているときは、気分があまりすぐれないことを表しています。うずくまったまま食事を摂らなくなったり、ときおり弱々しい声をあげている場合は、体のどこかに痛みや不快感がある可能性も。できるだけ早く病院へ連れて行ってやりましょう。

目線の高さを犬と同じに

恐怖や不安でおびえているとき

しっぽを後ろ脚の間に隠して体を低くし、背骨を丸めている

攻撃しないで
低い姿勢で優しく声をかけながらなでてやろう

気分がすぐれないとき

しっぽをダラリと下げて小さくゆっくり振っている

具合悪い
食事を摂らなくなったり、弱々しい声をあげているときは早めに病院へ

コラム

犬は人工的な交配によってさまざまな色と形になりましたが、口の上下、ほおの下半分、肩の後方は少し淡い色という共通の特徴を持っています。これは犬同士がケンカのまねごと（地位の確認）をする場合にかむ目標になっています。

耳を立てるのは何かに注目しているか威嚇のサイン

自分の意思で耳を動かせるという人がときどきいます。これは耳介筋《じかいきん》という筋肉の働きによるもので、退化してはいるものの本来は誰でもできること。できない人は、単に動かし方を忘れてしまっただけといわれています。

それに対し、人間以外のほとんどの動物はこの耳介筋がとてもよく発達しており、とくに犬は耳をよく動かすことができます。そのためでしょうか、犬は耳にも感情がよく出ます。

たとえば、穏やかな表情で耳をピンと立てているときには、何かに注目していたり、注意を払っていることを表しています。

ビーグルやファーレンのように、たれ耳の犬は耳の動きがわかりにくいのですが、よく観察してみるといつもより耳に力が入っていたり、ピクッと動くのがわかるはずです。この状態から口角が上がったり口を少し開いて舌を出した場合には、「おもしろそうだぞ」という印象を持ちはじめています。

危険を察知しているケースも

同じピンでも、耳を前方にやや傾けて歯を見せたり鼻や唇にシワが寄っている場合は、威嚇《いかく》や自分の存在を誇示している証拠。たれ耳の犬でも耳に力が入り、水平方向に少し持ち上がっているはずです。室内や庭でこんなしぐさを見せたときには、犬が注目している方向を見て、そこにあるもの（たとえば庭に侵入してきた猫だったり、見慣れない置物など）を取り除いてやると落ち着きます。

犬といえば嗅覚《きゅうかく》が有名ですが、聴覚も人間の四〜五倍鋭いのです。

犬と暮らしていた古代人は、飼い犬の耳の動きを見て獲物がいる方向を知ったり、危険を察知したといわれていますから、私たちには見えない「何か」があると考えたほうがいいでしょう。

耳で表す気持ち

注目
穏やかな表情で耳をピンと立てる
アレ、なんだろう?
ピクッ
興味
耳をピンと立て、少し口を開いて舌を出す
おもしろそうだぞ
ピタッ
威嚇
耳を前方に傾けて歯を見せたりする
ウ〜ウ〜
なんだ
コノヤロウ

コラム

犬の耳は人間と同じように、外耳、内耳、中耳という三つの部分に分かれています。しかし、犬の聴覚は人間の4～5倍もあります。さらに、犬は人には聞こえないような2万ヘルツ以上の超音波を聴くこともできます。

耳を倒しているときは犬の気持ちを慎重に見きわめよう

―服従なのか恐怖心なのか

犬の耳が後ろに倒れているときは、いろいろな意味で注意が必要です。なぜなら、プラスとマイナスという正反対の気持ちを表していることがあるからです。これを見誤ると、飼い犬の信頼を失うようになりますので注意してください。

耳が後ろに倒れていても、表情が穏やかで歯を見せず、鼻にシワも寄っていない場合は「あなたに服従しますから、仲良くしましょう」という友好的な態度と考えてください。

相手を尊敬している表情でもあるため、飼い主にこの態度を見せるようなら、しつけがうまくいっている証拠ともいえます。

このとき、しっぽを左右にゆったり振っていたり、口角が上がって少し口を開けていたら、少し控えめに「よかったら遊びませんか?」と誘っています。「君の気持ちは理解しているよ」ということを犬に示すためにも、時間が許すときにはその誘いにこたえてやりましょう。

耳が後ろに倒れていても、左右に突き出しているときには「なんか怪しいぞ」「怖いな」と考え、防衛的な気持ちになっています。

犬に何かをさせようとしたとき――たとえば、車に乗せようとしたときにこの態度をとったら、車に乗ることを拒んでいると考えてください。

耳がこの状態で、さらに歯を見せたり鼻にシワが寄りはじめた場合は、恐怖のレベルがかなり高くなっています。このまま無理強いして車に乗せようとすると、攻撃に出る可能性が高いので、注意してください。

耳の位置が定まらず、前や後ろ、さらに下などに動かしているときは、どうすればいいのか考えている最中。犬の考えがまとまるまで、見守ってやるといいでしょう。

一緒に遊びませんか？
耳が後ろに倒れている
しっぽを左右にゆったり振る
耳を左右に突き出している
なんか怪しいぞ
歯を見せたり鼻にシワが寄りはじめた場合は恐怖のレベルが高い

コラム

犬の聴覚が人間より優れている点は、周波数域だけではありません。どの方向で音がしたのかを聞き分ける能力も優秀で、立ち耳の犬の場合は人間の2倍――32方向の判別を瞬時にできます。耳内部の性能だけではなく、耳が自由自在に動くことも関係しています。

前脚を上げて上下に動かすのはトラブルを避けたい意思表示

不安を感じたときのしぐさ

こうしたしぐさを「カーミングシグナル」と呼びます。ノルウェーのトウリッド・ルーガス氏が発見したもので、不安やストレスを感じたときに自分自身を落ち着かせるために犬が行なうしぐさです。私たちがイライラしたときに頭をかきむしったり、不安を感じたときに無意識のうちに腕組みをしているのと同じと考えていいでしょう。

このしぐさによって、他の犬や飼い主との間で起きる無益なトラブル（ケンカなど）を避けようとしているのです。

たとえば、飼い主以外の人にリードを持たれたときにも、このしぐさを見せることがよくあります。お手をしていると勘違いする人もいるようですが、犬は、「あなたは知らない人だから、リードを持たれてかなり緊張しています。でも、私のほうからは攻撃するつもりはありません。なんとかうまくやっていきたいと思っているので、よろしくお願いします」という意思表示をしているのです。姿勢を低くして、頭をそっとなでながら「こちらこそよろしく」と言ってやりましょう。

前脚を上げたままお辞儀をするようにゆっくり首を上下に動かしたり、左右に飛び跳ねたときは、「一緒に遊ばない？」と誘っています。

ただし、この首の動きが速い場合は、目の前にある何か、またはあなたに恐怖心を持っているという意味になります。こんなときは、不用意に近づくと恐怖のあまり攻撃してくる可能性がありますので、首の動きを慎重に見きわめてください。

また、前脚を上げたまま動かないときは、獲物や敵を発見して極度に緊張している状態です。もし犬が見ている方向に小鳥などのペットがいたら、飛びかかる前にどかすか、「ダメ！」としっかり犬に伝えましょう。

緊張しています
前脚を上げて
上下に動かす
遊ぼうよ
エサか？
前脚を上げたまま
ゆっくり首を動か
したり、左右に跳
びはねる
前脚を上げたまま
動かない

コラム

犬は基本的に遊び好きですが、生まれてから4カ月までの子犬は、母親や兄弟と遊ぶ程度で十分な運動量です。散歩などの屋外運動をさせるのは4カ月を過ぎてからがいいでしょう。最初は1日1回、時間も10～15分から始めましょう。

仰向けになってお腹を見せるのは犬にとって最大限の譲歩

完全な服従を伝えている

犬とじゃれていると、仰向けに寝転がってお腹を見せることがありますね。お世辞にもお行儀がいいとはいえませんが、「あなたのことが大好きで、100%信頼しています」という完全な服従を伝えようとしているポーズですから、間違っても「品がないからやめなさい!」などと怒らないことです。

犬が仰向けになったときの様子を、もう少しくわしく見てみましょう。うれしそうな顔をしていたら、「大好き!」という気持ち。しかし、そっぽを向き、しっぽをお腹のほうに巻き込んでいる場合には、かなりの緊張状態にあることを示しています。

これは、自分より強い犬や大きい犬に遭遇したときに見せるポーズです。そっぽを向くのは、視線をあわせないことで相手との緊張状態を抑えるため。そしてしっぽを巻き込んでいるのは「降参するので、攻撃しないで」と訴えている証拠です。

犬にとって最大の弱点は柔らかなお腹です。お腹には毛も少ないので、ガブリとかみつかれでもしたら致命傷になりかねません。殺されるかもしれない覚悟でお腹を見せることによって、相手に最大限の譲歩をしているわけです。

たまにこの状態でおしっこをもらしてしまう犬もいますが、これは恐怖によるものではなく、子犬のころ、母親に鼠径部《そけいぶ》をなめられておしっこをしていたことを再現しています。つまり「私はあなたの子供のようなものです。だから攻撃しないで」と伝えようとしているのです。

なかには、お腹を見せているのに、近づくとかもうとする飼い犬もいます。これは、相手を油断させるという姑息《こそく》な戦術です。よくいえば頭のいい犬、悪くいえばずる賢い犬、ということになります。いずれにしても、こんな場合には無視することが大切です。

完全な服従
仰向けに寝転がってお腹を見せる
大好き
降参です
緊張状態
そっぽを向き、しっぽをお腹のほうに巻き込んでいる

コラム

愛犬がお腹を見せたときには、優しくさすって固いものがないか確かめましょう。南アフリカでは、ドーベルマンが携帯電話を飲み込んでしまい、手術で取り出すという事件も起こりました。開腹手術をしたところ、胃から携帯電話の他に石ころも出てきたそうです。

体をぶるぶる震わせたらイヤイヤのしるし

雨に濡れたわけでもないのに飼い犬が体をブルブルと震わすことがあります。「どこかかゆいところでもあるのかな」と思ってしまいますが、このしぐさにも重要な気持ちが隠されています。

たとえば散歩の途中で、痛い思いをしたことのある獣医さんの方向へリードを引っ張ろうとすると、飼い犬がこのしぐさをすることがあります。このときのブルブルは「いやだ、そっちへは行きたくない！」という意思表示です。

もっとストレートに気持ちを表して、頑として動かなくなる犬もいますが、そのような強い意思表示をすると飼い主に怒られるとわかっていますし、自分自身で受けるストレスも強くなります。そこで、このような奇妙なしぐさで飼い主に〝やんわり〟と「ノー」と伝えようとしているわけです。

いやなところへ連れて行かれると思って緊張していますから、こんなときには「大丈夫だよ」「心配ないよ」と、安心させる言葉をかけてあげましょう。そうすると緊張がほぐれるはずです。

「大丈夫だよ」と言葉をかけてやろう

また、私たちはかわいがっていると思っていても、犬からしてみると不快な扱いというのがあります。たとえば鼻が濡れているからといってタオルやティッシュで拭くこと。犬の鼻が湿っているのはにおいの分子を吸着させるためで、乾いていたら鼻の性能が大幅に落ちるといわれています。当然、犬は「おいおい、やめてくれよ」と伝えてきますが、このときにもブルブルと体を震わすはずです。

犬がいやがることをしてしまったのですから、こんなときにはフォローが必要です。低い姿勢になって優しくなでながら「よし、よし。よくがんばったね」「偉かったよ」と、ほめてやりましょう。これで満足させることができます。

おいで
いやだ
そっちには
行きたくない

やめて
犬の鼻が湿っているのはにおいの分子を吸着させるためなので拭き取らない

コラム

ニオイを感じる「嗅粘膜」の表面積は、人間が約4平方センチなのに対し、犬は約150平方センチもあります。これが、犬の嗅覚が優れている理由のひとつ。とくに敏感に反応するのは刺激臭で、人間の1億倍以上もの感度といわれています。

飼い主の顔をペロメロなめるのは本能、でもクセにはしないように

誤った学習をさせてはいけない

飼い犬に留守番をさせて外出したときなど、帰宅すると一目散に駆け寄ってきて、飼い主の口のまわりをペロメロなめることがあります。

お迎えしてくれるのはうれしいのですが、顔がヨダレでベタベタになりますし、女性の場合はお化粧も気になるところです。

しかし、これは飼い主を母親とみなして甘えている行動です。甘えているのですから、追い払ったり「こら、やめなさい！」と叱りつけたりすると、犬は「自分のことを愛してくれていないんだ」とガッカリしてしまいますし、「そんなこと言わないで、もっと愛して」という気持ちで、さらに顔をなめようとします。

だからといって「よしよし、いい子だよ～」となで回すのも考えもの。このようにして甘やかすと、犬はますます興奮して暴れ回り、言うことをきかなくなってしまいます。

さらに「ペロペロなめれば、ご主人様が喜んでくれるんだ」と誤った学習をして、顔のなめグセがついてしまいます。

こんなときは「おすわり！」「待て！」などの命令をしてみましょう。これでかなりの興奮を抑えることができます。

そして落ち着いてから頭や背中をなでてやりましょう。こうした習慣をつけておけば、「顔をなめる＝ご主人が喜ぶ」と思わなくなります。

ところで、犬が飼い主の口のまわりをなめたがるのは、オオカミ時代の名残りだといわれています。オオカミの子供が母親の口のまわりをなめると、母親は一度食べたものを吐き戻します。子供はこれをエサにして成長します。

つまり、口のまわりをなめるのは、母親に食事をおねだりしているのと同じなのです。

なめグセがつかないように興奮を抑える
待て

コラム

犬は「鼻で見る動物」といわれています。なついている犬が、飼い主が強い香水をつけたり他人の服を着ていると、よそよそしい態度をとったり攻撃してくることがあります。これは、目よりも鼻に頼って周囲の物事を識別しているという証拠なのです。

穏やかな眼差しで見つめてくるのは何かを訴えようとしているから

ご飯や散歩を期待している

すでに何度も紹介したとおり、犬と人間、犬と犬同士が視線をあわせると緊張状態が高まります。そのため、犬が飼い主を厳しい目でにらみつけることはまずありません。もしあったとしたら、それは犬が飼い主の地位を自分より下と考えているか、ケンカを売っている証拠です。

しかし、穏やかな表情で飼い主を見つめているときには別な意味があります。このとき犬は、何かを訴えているのです。

もし口に遊び道具をくわえていたら「遊んで」、エサ入れをくわえていたら「そろそろご飯をちょうだい」、リードや飼い主の靴をくわえてきたら、「お散歩に連れて行って」、そして、元気なく上目づかいに見上げているときは「体調がよくないんです」と伝えようとしているのです。

「アイコンタクト」という言葉があります。これは、相手の反応を期待して用いられる視線で、正式な心理学用語にもなっています。しかし、これは人間と人間の間だけのものではありません。犬も何かを期待して、あなたに向かってアイコンタクトをしてきているのです。それに反応できるかどうかはあなた次第。犬の気持ちを理解できるように、ふだんから努力してみてください。

ちなみに、人の目には感情がよく表れるといいますが、これは犬でも同じ。犬の感情を読み取るときのポイントは瞳孔の大小と白目の色です。

動物が興奮すると、アドレナリンという物質が血中に急増し、心拍数の増加や血圧上昇、瞳孔散大などが起きます。

つまり、瞳孔が大きくなっていたり、白目がふだんより血走っているときは興奮状態ということ。こんな目で見つめられていたら要注意です。

遊んで
遊び道具を
くわえている
ご飯ちょうだい
エサ入れを
くわえている
お散歩
行こうよ
リードや靴を
くわえている
具合が
悪いです
上目使いに
見上げる

コラム

犬がずっと目を閉じているときは、目に何か障害が起きていると考えられます。多頭飼いしている場合には、じゃれあっているうちに目を傷つけてしまう外傷の可能性がもっとも高く、ときには角膜が破れて目の内容物が出てしまっていることもあります。

毛を逆立てたら臨戦態勢。刺激すると攻撃される恐れが

こんな様子の犬からは早く離れる

犬の興奮がエスカレートすると、背筋や首の毛を逆立てます。これは「オレは臨戦態勢にあるんだぞ」という意思表示です。毛を立てることによって少しでも自分の体を大きく見せ、相手に威圧感を与えようとしています。

しかし、これはまだ前段階。さらに興奮が高まると、しっぽの毛まで逆立ちます。こうなると、一触即発です。いつ飛びかかるかわからない状態ですから、散歩の途中でこんな様子を見せたら、すぐに犬同士を遠ざけてください。

とくに危険なのは、尾をピンと立て、脚をしっかり踏ん張って毛を逆立てる犬。体力があり、強い自信を持っている犬が見せる態度で、「目の前から早く消えろ！」と伝えています。人でも犬でも、この状態の犬の目の前にいつまでもいると、「あっちへ行け！」と襲いかかられる可能性大です。

しっぽを後ろ脚の間に隠し、腰をひきながら毛を逆立てる犬は弱い犬。威勢は張っていますが、内心はビクビクしていて、できれば逃げたいと思っています。追いつめずにわざと逃げ道を作ってやれば、逃げて行くはずです。

ちなみに犬が毛を立てるのは、立毛筋《りつもうきん》という筋肉の働きです。犬を飼っていると、急に全身からフケを出すことがありますが、これは立毛筋の働きで、それまで体毛の奥に隠れていたフケが持ち上げられたために起きること。つまり、犬のフケは急激なストレスや恐怖に襲われた証です。

「皮膚病になったのかも」と心配して獣医に連れて行く飼い主がいるようですが、問題は体ではなく心のほうにありますから、多くの場合、原因はつかめません。恐ろしい経験やいやなことをさせなかったどうか、思い返してみてください。

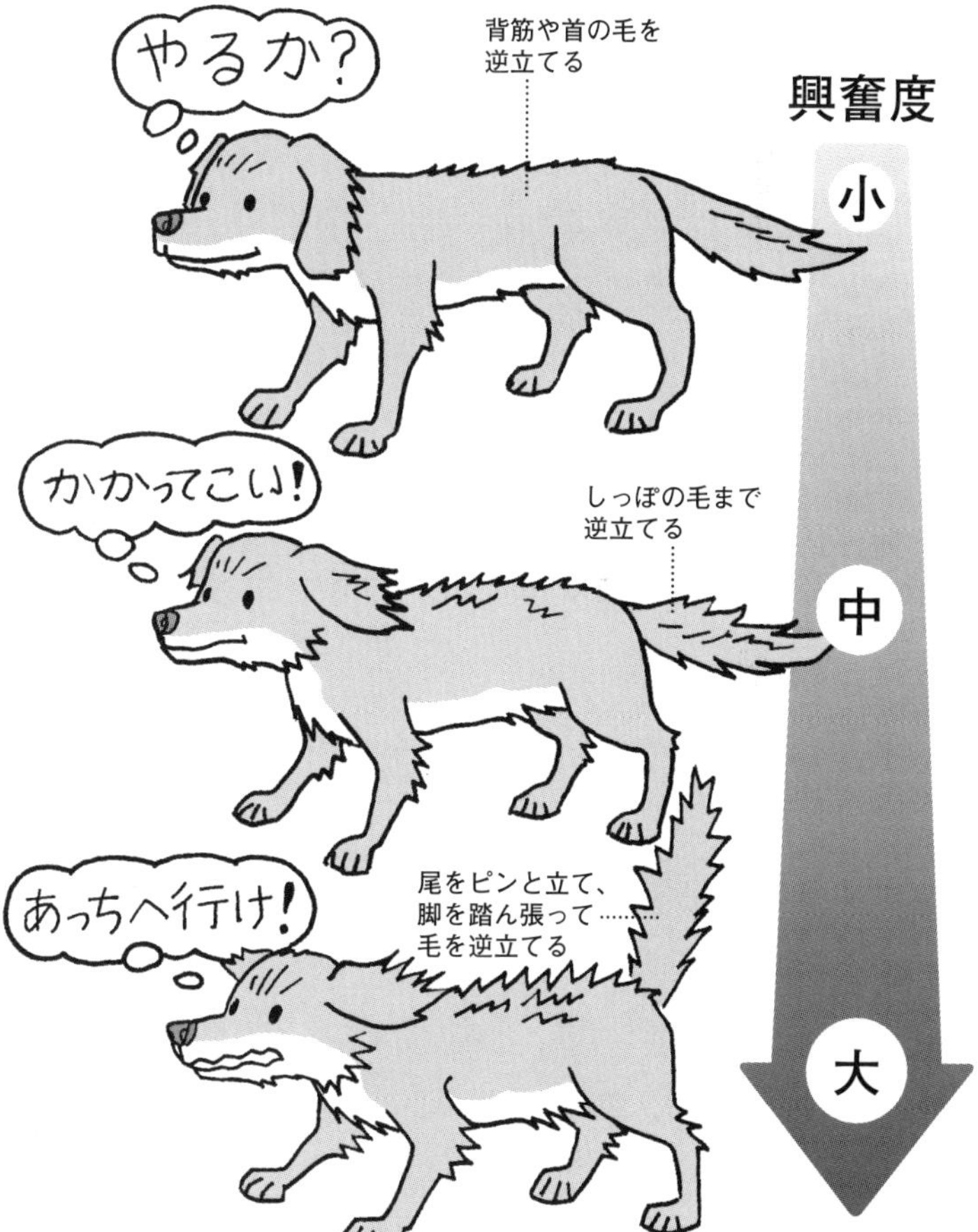
やるか？
背筋や首の毛を逆立てる
興奮度
小
かかってこい！
しっぽの毛まで逆立てる
中
あっちへ行け！
尾をピンと立て、脚を踏ん張って毛を逆立てる
大

愛犬のフケが急激に増加した場合、アレルギーを起こしていることも考えられます。犬にもっとも多いアレルギーはノミアレルギーです。ノミが血液を吸い取るときに放出した物質が犬の体内に入ることによって発生し、全身のかゆみやただれ、フケの増加などが見られます。

コラム

クンクンにおいをかぎ回るのはトイレの場所を探している

トイレの場所を変えたら要注意

犬の嗅覚《きゅうかく》がとても鋭いのはご存じのとおり。そのためでしょうか、犬はのべつまくなしに、あちこちのにおいをかぎまくっています。

これは、自分のなわばりを確認する行為です。敵や他の犬がなわばりに侵入していないかどうか、必死に確かめているのです。

「ウチは一匹しか犬を飼っていないし、ネズミも出ない。だから、このまま放っておいて大丈夫」と思ったら大間違い。敵がいないことを確認した犬は、自分のにおいをつけるためおしっこをするからです。つまり飼い犬がクンクンとにおいをかぎ回りはじめたら、できるだけ早くトイレへ連れて行ったほうがいいということです。

いつも同じ場所でおしっこをしてしまうという犬がいます。そのたびにきつく叱り、一生懸命に床を拭くのですが、ちょっと目を離すとすぐそこへ行こうとします。人間にはわからなくても、犬にはおしっこのにおいがするのです。

こんなときは、犬にはちょっとかわいそうですが、脱臭剤や漂白剤などを使ってこれでもかというほど床を拭き、さらに犬が嫌うにおいのスプレーなどを吹き付けておきましょう。こうしておけば、あきらめてトイレでおしっこをするはずです。

とくにトイレの場所を変えたり、引っ越した直後には、どこで用を足せばいいのかわからなくなり、自分のにおいが残っているところでおしっこをしたがりません。こんなときは、他の犬のおしっこを少しふくませたシーツをトイレに置いておくといいでしょう。

ちなみに、犬はよほど若いか年老いないかぎり、粗相をすることはありません。怒るだけではなく、トイレを使わないのには何か理由があると考え、犬の気持ちになって調べてみましょう。

トイレ?
クン
クン
トイレ?
クン
クン
トイレの場所を動かしたときは、他の犬のおしっこをふくませたシーツをトイレに置いておく
クン
クン
トイレ!

コラム

愛犬が頻尿になった場合には、原因があると考えるべきでしょう。若い犬の場合、考えられるのは不適切な食生活です。水分量の多いものを与えすぎれば、当然、トイレの回数は多くなります。老犬の場合には前立腺の肥大や薬の副作用が考えられます。

前脚をなめ続けるのは不安やストレスの表れ

犬や猫は自分の体をペロペロなめて、毛や皮膚を掃除します。場合によっては寄生虫を除去したり、傷の手当てをしてしまうこともあります。この作業をグルーミングといいます。

グルーミング自体は正常な行動ですが、いつまでも前脚や特定の部位をペロペロなめ続けるのはストレスから発生する常同行動なので、注意してください。

このように犬が体の一部だけをなめ続けるのは、強い不安やストレスを感じているためです。その理由はさまざまですが、たとえば新しい犬を飼いはじめて家族の注目がそちらへ向いてしまったときや、近所で工事が始まり、朝から晩まで大きな音が響いてくるときなどに見られます。

犬の舌はザラザラしているため、同じ部位をなめ続けているとすぐに毛が抜けて、炎症の一種である肉芽《にくが》腫《しゅ》を形成することがあります。しかもこの行動は、なおったと思っても、ちょっとしたことで再発しやすいのが特徴です。

犬がなめ続ける部位に包帯を巻いてもすぐに食いちぎってしまって効果がありませんし、エリザベスカラー（足をなめられないように首の回りに巻くセルロイドなどでできた板）を装着するとますますストレスと不安が強くなるので、おすすめできません。

気をまぎらわせてリラックスさせる

こんなときは、犬の気をまぎらわせてリラックスさせましょう。たとえば、脚をなめはじめたら「おすわり」「伏せ」などと号令をかけてそれに従わせます。そして、しばらくそのままに。これを繰り返すことによって、脚をなめることを忘れさせるのです。

ちなみに、皮膚炎や関節炎を発症しているときにも患部をなめたりするため、念のために獣医の診察を受けておくといいでしょう。ストレスの原因がなんであるか把握し、原因対処療法を用いることが重要です。

体の一部だけをなめ続けるのは、強い不安やストレスを感じているため

コラム

通常、健康な犬の舌はピンク色ですが、ときどき青紫色に変色していることがあります。これは強いストレスを受けたときに起きる症状で、たとえば激しく雷が鳴ったり、散歩の途中で大きな犬に追いかけられたときなどに見られます。

犬は言葉の「意味」を理解しているわけではない

犬を飼いはじめて最初に教え込む〝芸〟は、おそらく「おすわり」でしょう。鼻を押したり腰を叩いたりしながらようやく覚えたはずなのに、まったく言うことをきいてくれないときがあります。こんなときはつい「まったく覚えの悪い犬だ」と思ってしまうものですが、問題は犬ではなく飼い主にあることが少なくありません。

言葉は人間だけが持っているコミュニケーション手段です。賢い犬はかなり多くの指示に従うことができますが、私たちの言葉の意味を本当に理解しているわけではありません。

極端な話、「逆立ち」という言葉で犬に腰を落とさせることも可能ですし、私たちにとって「おすわり」と「すわれ」や「すわりなさい」は同じ意味を持っていますが、犬にはそれが理解できません。そのため、「おすわり」と言って訓練した犬に対して「すわれ」と号令をかけても、それが伝わらないことがあるのです。

どの言葉、どの言語で号令をかけるかは自由ですが、いつも同じ言葉を使うことだけは守りましょう。そうしないと、犬は混乱して、号令に従えなくなってしまいます。

大事なのは指示の仕方

同じように号令をかけても「お父さんにはちゃんと従うのに、お母さんにはまったく従わない」という犬もいます。これは、声の高低や発音などに問題があるのではなく、犬が「お父さんはボスだが、お母さんは自分より地位が低い」と思い込んでいるために起きること。

犬の社会では劣位の者が優位の者に従うという、これは絶対に変えられない本能なのです。こんなときは食事のやり方や態度などに注意して、人間のほうが地位が上ということをしっかり犬に教え込まないと、号令には従ってくれません。

すわれ！
？
「おすわり」と言って訓練した犬に「すわれ」と号令をかけても伝わらないこともある

コラム

人の言葉に対する犬の理解力は、人間の３歳程度といわれています。そのため、言葉だけで理解できる命令は20～30語くらいのようです。ただし、食べ物や人の名前のように、視覚や嗅覚をプラスできるものの場合には300語程度を理解できるとされています。

すぐ唸るのは「自分のほうが偉い」という権利の主張

叱るとますます反抗する

号令をかけたり、散歩に連れて行こうとしてリードをつけようとすると「ウーッ」と唸る犬がいます。「ワンワン」と吠えたりかみつくわけではないので、そのまま放っておく飼い主も多いようですが、これは問題行動を起こす前触れですので、できるだけ早く正すようにしてください。

まず、飼い主はなぜ犬が唸るのかをはっきりと理解しておく必要があります。あの唸りは権利の主張です。「自分のほうが偉いんだから、命令するな!」「お前の言うことなどきかないぞ!」という意思表示なのです。

飼い主より偉いと思っているわけですから、「唸っちゃダメ」「黙りなさい!」などと叱ると、犬は「格下のお前に文句を言われる筋合いはない」と考え、ますます反抗してきます。手を上げようものなら、かみついてくることもありますから、注意が必要です。

こんなときは「お前は私(飼い主)がいないと今のような生活ができないんだぞ」ということを犬に伝え、飼い主のほうが地位が上であるとはっきりと認識させなければなりません。

その方法として効果的なのが、エサや散歩の時間を遅らせることです。

飼い主より自分のほうが偉いと思っている犬は、なんでも自分で決めたがります。エサや散歩の時間が近づくと吠えて催促するのは「早くしろよ!」という意思表示です。

これに従っていると、いつまでたっても立場が変わりませんから、絶対に無視すること。エサや散歩の時間をふだんより一時間前後遅らせると、犬は「なぜ自分の思いどおりにならないんだ」と相当にあせります。

こうして「エサと散歩の時間は私が決めているんだ」と犬に伝えれば、自分の立場をわきまえるようになります。

飼い主より自分のほうが偉いと思っている犬にはエサや散歩の時間を遅らせるなどして、飼い主に主導権があることをわからせる

コラム

飼い主のほうが偉いとわからせるためには「犬を脚の間に挟んで仰向けにさせる。そして、黙ったままその状態をしばらく維持する」という方法も有効です。こうして、「自分の思いどおりにはならない」ということを犬に教えるのです。

飛びつくのは喜びの表現。ただ習慣にはしないよう注意

主従関係逆転も。無視して対処

「○○、おいで！」と飼い犬を呼ぶと、喜び勇んで走ってきて飛びつくことがあります。悪い気はしませんが、大型犬の場合には、飛びつかれた拍子に倒されてしまうこともあり、とても危険です。

このように犬が飼い主に飛びつくのは、「うれしい」「楽しい」「遊んでほしい」という気持ちの表現です。そのため、飛びかかったことを厳しく叱ると、「楽しいと思ってはいけないんだ」と思い込み、自分の気持ちを素直に表せない臆病な性格の犬になってしまうわけです。

しかし、だからといって「やめて、やめて」と懇願したり、頭をなでてやめさせようとしてはいけません。

こうすると、犬の興奮がさらに高まって抑えがきかなくなりますし、犬が「飛びかかると喜んでくれるんだ！」と思い込み、飛びつきが習慣になってしまうのです。

犬が人に飛びつくもうひとつの理由は、優位に立ちたいと思っているからです。そのため、飛び上がって目線をできるだけ高く、場合によっては飼い主のあなたを見下そうと考えているのです。

いずれにしても、飛びつきをやめさせるもっとも効果的な方法は無視すること。犬と目線をあわせず、上やそっぽを向いてみましょう。相手にされたい、自分を認めてほしいと思ってしている飛びつきですから、無視されると、犬は困惑した表情になって飛びつきをやめるはずです。

もし、それでもやめない場合は、くるりと背中を向けたり、その場からさっと立ち去ってしまいましょう。そして落ち着いてから、声をかけたり頭をなでてやり、飛びつくことの無意味さ、デメリットを教えるようにします。

遊んで
遊んで
飛びついてきても
無視をして飛びつ
きをやめさせる

コラム

犬の後ろ脚の構造は人とかなり異なります。人の腿にあたる部分は胴体部分にくっついており、ヒザは胴体のすぐ下にあります。後ろに曲がっている部分は飛節（ひせつ）といい、人間のかかとにあたります。つまり犬は、人間でいえば、つま先立ちしている状態なのです。

あごを床や地面につけて寝るのは身を守るため

犬が寝ているときの姿を注意深く見てください。ほとんどの場合、あごを床や地面につけて寝ているはずです。これは、敵や獲物が近づいてきたことを知るために犬が身につけた最高の寝姿なのです。

人や動物が歩くと微妙な振動が床や地面を伝わってきます。犬はその振動を、あごを通じてキャッチしているのです。あごがそれほど敏感なのかと疑問に思うかもしれませんが、あごは硬い骨でできているため、かすかな振動でもはっきりと脳に伝えられます。このように、骨を介してかすかな振動を脳に直接伝えることを骨伝導《こつでんどう》といいます。

そっと歩いたつもりでも犬がすぐに目を覚ますのは、この骨伝導によるもの。骨伝導を利用することで、犬は耳の疲労を防ぐことができますし、耳を他の音に集中させることもできます。リラックスして寝ているようでも、こうしてつねに周囲を警戒し続けているのです。

かすかな音を骨伝導でキャッチ

家族が帰宅するのをチャイムが鳴る前に犬が察知することがありますが、これも骨伝導で説明できます。私たちには感じなくても、犬は人が玄関に近づいてくるかすかな振動をとらえているのです。しかも、歩き方には人それぞれクセがあるので、犬にはその振動が誰のものかがすぐにわかるのです。

また、地震を敏感に察知する犬もいるといわれていますが、これも骨伝導によるものです。

地震が起きると、まずP波と呼ばれる揺れが広がります。P波は、私たちが感じないような小さな揺れを引き起こすだけですが、そのあとにやってくるS波は大きな被害をもたらすことがあります。P波はS波の二倍のスピードで伝わるため、犬はそのかすかな揺れを骨伝導でキャッチし、まもなく大きな揺れがやってくるとわかるのです。

微妙な振動もあごを通じてキャッチ。歩き方のクセで、その振動が誰のものかもすぐにわかる
あ、お母さんが帰ってきた！

コラム

P波よりさらに前に地震を予知できる犬もいるようです。たとえば阪神淡路大震災のときには「地震の前夜、家へ入るのを極端に嫌った」「ふだんはおとなしい犬がさかんに吠えた」などの話がたくさんありました。科学では解明できない能力なのでしょうか。

飼い主にお尻をくっつけてきたら安心している証拠

信頼がなければ見せないポーズ

寒い時期に動物園へ行くと、ニホンザルたちが体を寄せ合って暖をとっている姿を見ることができます。丸く固まるところから「サルだんご」というそうですが、よく見ると、ほとんどのサルが外側を向いているのに気がつきます。つまり、お尻や背中を寄せ合っているということ。

じつは、犬も野生時代には同じような体形をとっていました。寝るときや休息をとるときに集団でお尻をくっつけあっていたのです。

野生動物がお尻や背中をくっつけあうのは、周囲に警戒を払うためとされています。動物のなかには人間とは比べものにならないほど視野の広い種もいますが、それでも背後からの攻撃を察知するのは難しいもの。とくに犬の場合、後ろ脚にケガを負うと走ることができなくなるため、下半身に攻撃を受けるのはなんとしてでも避けたいと考えています。そこで、仲間同士で急所のお尻や後ろ脚をつけて死角をなくすのです。

お尻をみんなでつけあうことによって、イザというときにはすばやく敵に飛びかかったり、猛ダッシュで逃げることもできますから、この陣形は攻撃と防御、そして避難までも可能にした理想的なものです。

ただし、おすわりをしたときや自宅にいるときに犬が飼い主にお尻をくっつけてくるのは、リラックスしている証拠です。つまり、飼い主（ボス）に急所を押しつけることによって、犬は安心感を得ようとしているわけです。

ちなみに、これは飼い主に信頼をおいていなければ見せないポーズです。まったく言うことをきかず、調教に苦労した犬がこのポーズを見せるようになったら、それはあなたに心を開いてくれたからと考えていいでしょう。

飼い主にお尻をくっつけてくるのは、リラックスしている証拠

コラム

散歩中やドッグランなどで、愛犬が他の犬に追いかけられたり攻撃を受けそうになることがあります。こんなときはすばやく抱き上げ、しっかりと守ってやりましょう。こうすることによって、あなたへの信頼感がいっそう強くなります。

目をそらすのは、とびきりうれしいときか困ったとき

しっぽを振っていたら叱らない

寸前まで飼い主のほうをしっかり見ていたのに、なにかの拍子で犬が目をそらすことがあります。人間がこれをやるときには「ウソをついている」「都合が悪いことが話題になった」と判断したほうがいいようですが、犬の場合は少し違うようです。

まず考えられるのが、飼い主の立場が自分より上とはっきり認めているということ。群れで暮らす動物は、自分よりも格上の個体とは目をあわせません。それは闘いを避けるためですが、飼い主と目をそらすのも同じ理由です。

また、とびきりうれしいときにも目をそらすことがあります。とくに、よくしつけられた犬に見られる特徴です。たとえば、飼い主の手に大好物のおやつが握られているのを発見したときや、大好きなボール遊びをしてもらえるとわかったときに、尾を振りながらもプイッと目をそらすことがあります。

うれしいなら尾を振って飛びかかってきたり顔をペロペロなめそうなものですが、それはしつけのできていない犬が見せる行動です。しつけが行き届いている犬は、わざと目をそらして、自分の興奮がエスカレートしないように努力します。

犬に目をそらされると、あまりいい気分ではありませんが、もしそのときにしっぽを振っていたら頑張っている証拠。絶対に叱らないことです。

もうひとつ考えられるのは、困ったときや苦手なことを命じられたとき。これは人間でもやることがありますが、聞こえないふりをしているのと同じです。もし犬が口をきけたら、「えっ、今何か言いましたか?」としらばっくれたはずです。

興奮を抑えているときとは違い、しっぽは動いていないので、どちらの気持ちなのかを判断するのは簡単です。

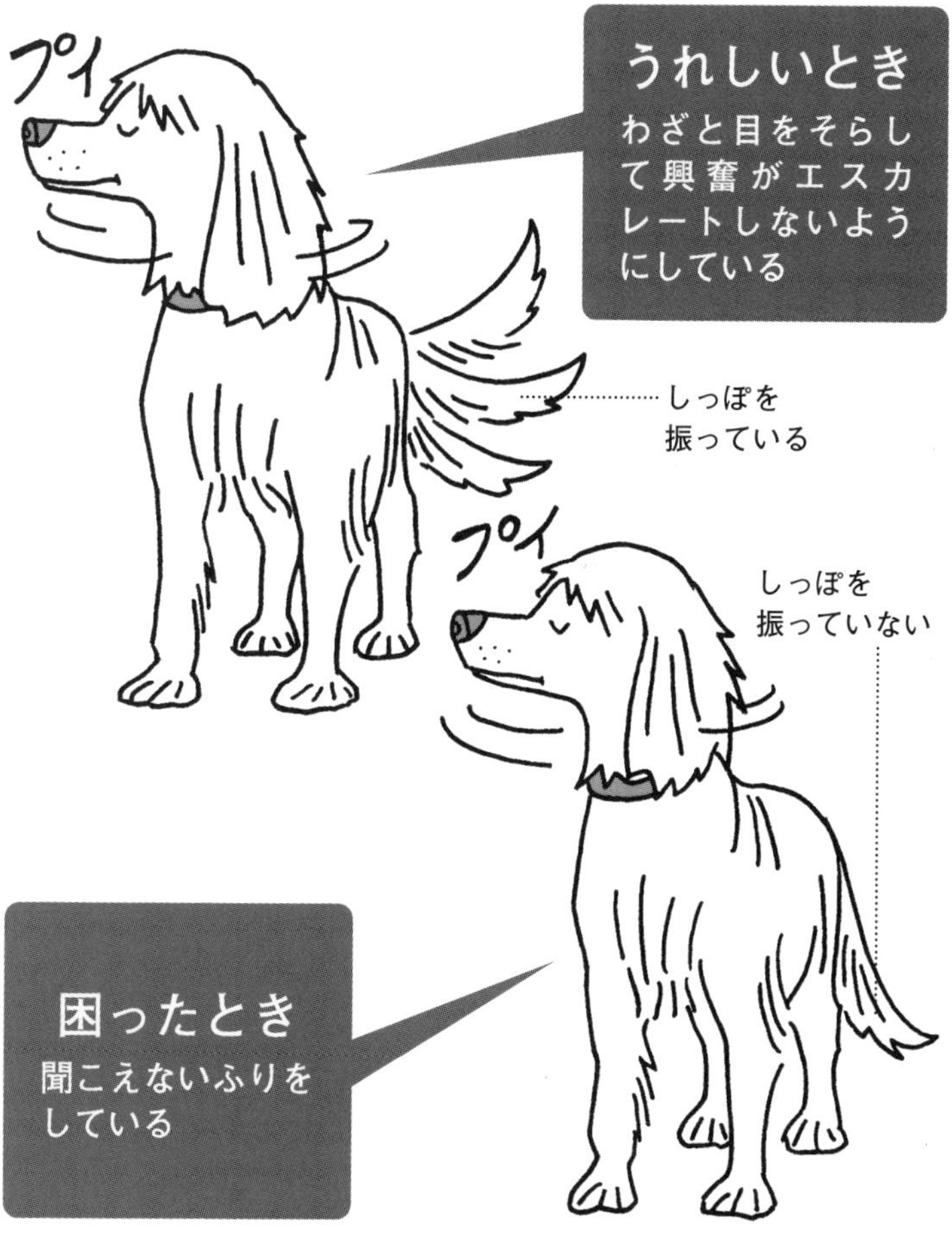
プイ
うれしいとき
わざと目をそらして興奮がエスカレートしないようにしている
しっぽを振っている
プイ
しっぽを振っていない
困ったとき
聞こえないふりをしている

コラム

犬や猫は一般的に子供が苦手。その理由は、子供の声が甲高く、動作が大きいためです。甲高い声は犬を興奮させますし、大きな動作は「何をされるかわからない」という恐怖心を与えるのです。

テレビを真剣に見ていても内容をわかっているのではない

テレビのチャンネルを替えていると、犬が特定の番組を真剣に見はじめることがあります。飼い主は犬を擬人化したがりますから、「ストーリーがわかっているのかな」「このアイドルが好きなんだ」と考えがちですが、残念ながらそうではありません。

テレビを注視するのは、単に画像が動いているためと考えられています。大昔に狩りをして生活していた犬の目は、静止しているものよりも動いているものを見るのが得意にできています。

ところが、家の中には動いているものがそれほどありませんから、なんとなくボンヤリと暮らしています。そんなときに激しく動く画像がテレビに映し出されると、犬はうれしくなるのです。

画像が動いているだけで満足といっても、当然、犬や動物がアップになる番組のほうが好きですから、「元気がないな」と思ったときには、犬が登場する番組を見せてやるといいでしょう。

興味を示さない犬もいる

ただし、映像よりも音に興味を持つ犬や、まったくテレビに興味を示さない犬もいます。いやがっているのに強引にテレビの前へ連れてきて、「ほら、友だちが映ってるから見なさい」などと無理強いするとテレビが嫌いになってしまうので、犬の好きにさせておきましょう。

あまり興奮する犬にも注意が必要です。犬の姿がアップになったり吠えるシーンが映し出されると、我を忘れてテレビに飛びかかり、倒したり、こわしてしまうことも。最近のテレビはずいぶんと軽量化されましたが、30インチを超えるものは数十キロありますから、それが倒れてきたら飼い主や犬がケガをします。このような事故が起きないよう、テレビを見るときには必ずおすわりをするようにしつけ、腰を浮かそうとしたらはっきりと叱ってください。

第2章

習慣に見る犬の気持ち

遠吠えは「さびしさ」の表れ、恐ろしいものではない？

さびしい気持ちを表現している

映画などで犬の遠吠えが聞こえてくると、恐ろしい気分になりますね。いつ野犬に襲われてもおかしくない状況を想像してしまいます。

しかし遠吠えは、「さびしい」という気持ちの表現。もし、次のシーンで主人公に向かって犬が飛びかかってきたとしても、それは襲おうとしているのではなく、「やっと人間に出会えたよ。うれしいよ」という喜びを表している可能性のほうが高いのです。

都会で暮らしていても、どこかから犬の遠吠えが聞こえてくることがあります。きっとその飼い主は、いつもより帰宅が遅いのでしょう。犬は「ご主人様の帰りが待ち遠しいよ」と思いながら、遠吠えをしているのです。

じつは、オオカミの遠吠えも、さびしいためにしているのではないかといわれています。オオカミは基本的に群れを作って生活する動物ですが、なんらかの事情で群れからはぐれてしまったオオカミが「さびしいよ」「オレはここにいるから、みんな来てくれ」と訴えているのが遠吠えだというのです。

でもこう考えると、ホラー映画などのワンシーンで犬の遠吠えが聞こえてきても恐ろしくなくなりますね。

ちなみに、犬が悲しさやさびしさを感じたときに「クーンクーン」と高い声で鳴くこともあります。一般的に犬の吠え声というのは、高くなればなるほど恐怖や恐れ、不安などが強いことを表します。ケンカに負けて逃げ出すときなどに「キャンキャン」と鳴くのがその典型です。

逆に、吠え声が低いのは怒っている証拠。「グルル」「ウー」と唸っているときに近づくと、攻撃を受ける可能性があるので注意してください。

ウオーン
早く帰ってきてーー
遠吠えはさびしい気持ちの表現

日本神話『海幸山幸』には隼人(はやと)と呼ばれる人たちが、犬の遠吠えをまねて宮廷を守っていたと記されています。また、軍事を司る家系は犬養連という名で呼ばれていました。大和朝廷が犬を重要な軍事力・警備力として使っていたことがわかります。

コラム

庭を掘って穴だらけにするのは野生時代の本能

昔話の「花咲か爺さん」には、愛犬が「ここ掘れワンワン」と吠えながら畑を掘っていたので一緒に掘ってみたところ、大判小判がザクザク出てきた……とあります。

庭で犬を飼っていると、同じような経験をしたことがあるはずです。ただし大判小判は出ず、花壇や芝生をこわされるだけのようですが。このように犬が庭を穴だらけにしてしまう理由にはいくつかあります。

ひとつは本能によるもの。犬が野生の動物として生きていたときは、今日は獲物にありつけたが明日はどうなるかわからないという状態に置かれていました。そのため食べ残した獲物を土の中に隠し、空腹時の非常食にするという習慣がつき、それが長い間に本能として脳に刻み込まれたのです。その証拠に、飼い犬でも大量のエサを与えると、穴を掘ってエサのあまりを埋めようとします。

退屈しのぎのケースもある

二つ目の理由は、退屈しのぎ。私たちは退屈するとテレビや雑誌、パソコンなどに目を通しますが、犬は穴を掘って退屈をまぎらわすのです。「最近、急に犬が庭を掘り返すようになった」というときには、散歩を長くしたり、目新しいオモチャを与えて気持ちをまぎらわせてやると、穴掘りが減ることがあります。

三つ目の理由は、木の根の香りや土の感触を味わうのが好きなためです。私たちには無臭に感じる木の根も、嗅覚《きゅうかく》の鋭い犬にとっては香水のように感じるものがあります。いいにおいがするものをかぎたくなるのは人間も犬も同じです。

また、巣穴を掘り返してキツネなどを追い立てるために作られた犬種は、土に触れると自分に与えられた使命や得意技を突然思い出し、猛然と穴を掘りはじめることもあります。いずれの理由にしても、穴掘りをやめさせるのは難しいようです。

犬が穴掘りをする理由

1 本能

2 退屈しのぎ

3 木の根の香りや土の感触を味わう

コラム

テリア類は穴掘りが好きな犬種の代表格。テリアの語源はラテン語のテラ——つまり、地球や大地という意味ですから、土が好きなのは当然です。ガーデニングを楽しんでいる場合は、テリアを飼うことをあきらめたほうがいいかもしれません。

ウンチを食べても怒ってはダメ

こまめにトイレを掃除してやり解決を

散歩をしていると、他の犬や猫が残したウンチに愛犬が強い興味を示すことがあります。ふだんは素直な犬も、このときばかりはいくらリードを引いてもなかなか動いてくれません。

これだけならいいのですが、次の瞬間、そのウンチをパクリ！　なかには他の犬猫のものではなく、自分のウンチを食べてしまう犬もいて、飼い主にとってはショックな出来事でしょう。

「もしかして、ウチの犬は異常なのかも」と心配する飼い主もいるようです。たしかにこれは「食糞症《しょくふんしょう》」という病気とされています。しかし、犬がウンチを食べるのは、それほど珍しいことではありません。

「ウンチが汚いもの」というのは、あくまでも私たちの論理。犬にそれは通用しません。もともと犬にはひろい食いをする本能が備わっています。それは、空腹に耐えながら生きていた野生時代の名残りなのですが、においの強いウンチを目《ま》の当たりにすると、その本能がよみがえり、ついパクリとやってしまうのです。

実際、猫のウンチには栄養がたくさん含まれていて、犬にとってはまたとないごちそう。そのまま見過ごすことができないのです。

しかし、だからといってこの食糞行動を見過ごしていると、寄生虫や病原菌に感染することもあるので注意が必要です。「ウンチに目がない」という性格は子犬のころに作られます。何にでも興味を持ちたがる子犬が、自分のウンチで遊んでいるうちに、そのにおいにつられてパクリとやり、それが病みつきになってしまうのです。

ウンチ好きな犬にしないためには、子犬のころからこまめにトイレを掃除してやること。またトイレの失敗を強く叱りすぎると、証拠を隠そうとして、かえってウンチを食べるクセがついてしまうことがあります。

食糞行動は、寄生虫や病原菌に感染することもあるので注意が必要
ウンチ≠汚いもの

コラム

犬がウンチを食べる理由については他にもいくつか仮説が立てられています。たとえば、優位な犬のウンチを食べることによって服従の意思表示をしているという説、ウンチを食べることによってビタミンBやビタミンKを補っているという説などがあります。

犬に「無駄吠え」なし、何か必要があるから吠えている

家と主人を守るための行動と察知しよう

家の前を通行人が歩いているだけなのに、ワンワンとけたたましく吠える犬がいます。いわゆる「無駄吠え」です。

早朝や深夜にこれをやられるとついカッとしてしまいますし、ご近所からも苦情が寄せられますから、飼い主にとっては悩みの種です。

しかし「無駄」と決めつけているのは人間だけ。犬は無駄なことなどしません。必要だから吠えているのです。

吠える理由にはいくつかありますが、無駄吠えは防衛本能や警戒心によって起こすものです。

「でも、家の前を人が通るだけなら危険はないでしょう」こう考えるのも人間だけ。犬が言葉をしゃべれるとしたら、「家の前の道路もなわばりのうちで、そこに知らない人が侵入してきたから、警戒して吠えたんだ」と答えるはずです。

人が犬を家畜化した理由のひとつに、「家を守ってもらう」というものがあります。庭で犬を飼っている犬は、遠い昔に家と主人を守っていたことを思い出し、誰かが近づいてくると敏感にそれを察知して「ワンワン」と無駄吠えするようになります。

犬はそれが仕事と思っているので、主人にほめられると思っています。ところが、実際には叱られてばかりというストレスが、さらに無駄吠えを起こさせるようになります。

無駄吠えをさせたくなければ、どんな人が近づいても吠えさせないこと。この訓練を地道にやることが大事です。

たとえ吠えたとしても飼い主の制御で即座に黙らせることができるよう、リーダーシップを発揮した対応を心がけましょう。

家を守るのが
ボクの仕事
ワン
ワン
ワン
ワン
犬は主人にほめられる
と思い吠えているのに、
実際は叱られてばかり
だとストレスと感じ、
さらに無駄吠えする

コラム

無駄吠えをやめさせるためには、愛犬をわがままにさせないことも大切です。わがままになるのは、自分の地位をわきまえていないからです。自分が偉いと思っているので、「ワンワン」と吠えて飼い主や家族に要求をするのです。

おもらしには「服従しています」という意味が込められている

飼い主の愛情を得ようとしている

犬を飼ううえで、吠え声とともに気になるのは「におい」です。最近はハイテク技術を使ったトイレなども出ているので、以前よりはにおいの問題は減りましたが、どうしても防ぐことができないのが「おもらし」です。

おもらしというと、子犬や老犬をイメージするかもしれませんが、犬の場合、体力や知力にまったく問題のない成犬でも、おもらしをすることがあります。

おもらしをしてしまうタイミングには、およそ二つあります。ひとつは、恐ろしい思いをしたとき。たとえば飼い主にひどく怒られたり、散歩中に自分より大きな犬と遭遇して威嚇《いかく》されたときにおもらししてしまうことがあります。これは、「あなたのほうが地位が上と認めるから、危害を加えないで」という気持ちの表れです。

人前や別の犬の前でおもらしするのは、犬にとっても屈辱です。それをあえてすることによって「自分はこんな情けないヤツなんです。ケンカをしかける気持ちなんてありません」と伝えようとしているのです。

もうひとつのおもらしは、うれしいときに起きます。恐ろしいときはなんとなく理解できるけれど、なぜうれしいときにおもらしを……と思いますね。その理由は恐ろしいときと同じです。

「出来が悪い子ほどかわいい」という言葉がありますが、犬はおもらしすることによって「出来が悪い」「ダメなヤツ」を演出し、飼い主のあなたの愛情をさらに得ようとしているのです。

よかれと思ってやっていることですから、怒るのは禁物です。尿を拭き取るときは、文句を言わず黙ってやりましょう。

「おもらししそうだ」と感じたときには、黙ってトイレへ連れて行くようにします。

ボクの
負けです
おもらしして
かわいいヤツ
でしょ

犬がおもらしをしても怒るのは禁物。尿を拭き取るときは文句を言わずに黙ってやろう

コラム

犬の散歩をするときに忘れてはならない持ち物があります。そのひとつがビニール袋。愛犬がウンチをするとスコップで埋めてしまう飼い主もいるようですが、それはマナー違反。ウンチは必ずビニール袋へ入れて持ち帰りましょう。

飼い主にマウンティングをしたら絶対に許さないこと

叱らずに無視するのがいい

　犬が何かにしがみつき、腰を振ることがあります。これはマウンティングという行動で、犬の場合はオスメスの区別なくします。あまり品のよいしぐさではありませんが、他の犬やぬいぐるみに対してする場合、問題行動とはいえません。

　腰を動かすことから性行動を想像しますが、マウンティングは地位を確認するためにするもので、本来は優位な犬が下位の犬に対してします。このように地位を明確にすることによって、無駄なケンカを避けようとしているのです。

　ぬいぐるみに対してマウンティングをするのも、「オレのほうが地位が上だからな」という意思表示。見ばえはあまりよくありませんが、認めてやってもいいので、叱りつける必要はありません。

　しかし、飼い主の腕や脚にしがみついてこのマウンティングをしたときには絶対に許してはいけません。なぜなら、犬が「飼い主よりも自分のほうが地位が上」と主張しているからです。

　これを許してしまうと、無駄吠え、飼い主に対してかみつく、命令に服従しないなどの問題行動を起こすようになりますから注意してください。

　マウンティングをしそうになったときは、無言のまま犬から離れ、無視してやりましょう。「コラ!」「ダメ!」という叱りつけは犬を興奮させることになるため、無言でするのがベストです。無視は十分ほどすればOKです。そのあとはふだんどおりに接すれば、犬は「ご主人様のほうが上だ」と悟ります。

　飼い主の指示や命令をあまりきかない犬には、こちらからマウンティングをしてやりましょう。うずくまっているときに腰を押さえたり、一緒に遊んでいるときに覆いかぶさって、「私のほうが格上だ」ということを伝えるのです。

オレのほうが
地位が上だ
ワッ
マウンティングは地位を確認するために行なうもの。飼い主へのマウンティングは絶対に許してはいけない

コラム

散歩中にあなたの愛犬が人をかんでしまった場合には、まず傷口を水と石けんでよく洗い、医療機関へ行くこと。そして、24時間以内に「畜犬こう傷届」を住民課生活環境係へ提出し、かんだ犬が狂犬病にかかっているかどうかを確かめなければいけません。

散歩中に他の犬に吠えるのは社会性の欠如から

散歩の時間はどの家でもだいたい同じようで、あちこちで犬の散歩と出会います。犬好き同士ですから、初対面で会話が弾むこともしばしば。こうした出会いを楽しみにして散歩をしている人も少なくないようです。

しかし、なかには誰にも出会わないことを願っている飼い主もいます。その理由を聞いてみると「他の犬と出会うと吠え出すから」と答える人が多いのです。

犬が他の犬に対して吠えるのにはいくつか理由が考えられますが、もっともポピュラーなのは緊張しているためです。

犬はもともと群れで行動していた動物です。しかし、飼い犬のなかには生まれてすぐ親や仲間と引き離され、一匹で育ったという犬も少なくありません。そうした犬は社会勉強をする機会がなかったので、他の犬と出会ったときにどう対応をすればいいのかわからず、緊張して、つい吠えてしまうのです。

トラウマが原因のこともある

もうひとつ考えられるのはトラウマです。

子犬のころ、他の犬に攻撃されて痛い思いをした経験があると、それがトラウマとなって他の犬に極端な恐怖心を持ち、やたら吠えるクセがつくことがあります。このとき「こら、やめなさい」などと叱ると、不安と恐怖が増して、さらに吠えるようになってしまいます。

そんな犬の場合、他の犬が近づいてくるのが見えたら、飼い主は「おすわり」と命じましょう。おすわりは相手の犬に安心感を与えるため、向こうから吠えたり攻撃してくることはまずありません。

そして、吠えずに犬をやり過ごすことができたら、しっかりとほめてやります。すると、犬は「おすわりしておとなしくしていればほめてもらえる」と学習します。

誰？
君、誰なの？
ワン
ワン
ワン
ワン

犬同士の群れで行動したことのない犬は、他の犬と出会ったときに対応に困り、緊張して吠えてしまう

コラム

他の犬が近づいてきて興奮し、愛犬が逃げてしまう場合があります。そんなときには、近くの役所や警察、保健所などに問い合わせて、保護されていないかどうかを確認しましょう。保護期間には限りがあるため、放置しないでください。

チャイムが鳴ると吠えるのは単なる条件反射

犬自身もなんで吠えているのかわからない

玄関のチャイムが「ピンポン」と鳴ると、必ず吠える犬がいます。最初は「お客様が来たのがよくわかって便利」と思っていても、それが毎回になると、やかましく感じるでしょう。なんとかやめさせたいと思っている飼い主は多いようですが、どんな条件付けをすればやめさせられるのかわからず、途方に暮れているケースも多いようです。

ロシアの生理学者パブロフは、犬にベルの音と同時にエサを繰り返し与えると、ベルが鳴っただけで唾液を分泌するようになることから「条件反射」を発見しましたが、玄関のチャイムが鳴ると吠えるのも条件反射の一種です。最初は「誰か来たぞ」という警戒心から吠えていた犬も、それが何回も続いたことによって、自分でもなぜ吠えるのかわからないのかもしれません。

吠えることによって興奮も高まっているため、叱るとますます大きな声で吠え、ときにはお客様に飛びかかることも。犬嫌いの人にとって、これほどの恐怖はありません。

興奮させずに吠えるのをやめさせるには、二人がかりの訓練が必要です。まず一人がチャイムを鳴らします。「ピンポン」と鳴って犬が吠え出しても、それを完全に無視します。無視は、犬にとって、叱られるよりつらいお仕置きなのです。しばらくして吠えるのをやめたら、ごほうびを与えるか頭をなでてやりましょう。

チャイムが鳴ると吠えながら玄関へ走っていく場合は、ドアを開けずに無視します。

これを何度も繰り返すうちに、「チャイムが鳴っても、吠えたり走っていかなければごほうびがもらえる」と学習します。つまり、逆の条件反射が完成するというわけです。

ピンポーン
あれ？
なんで吠えて
いるんだっけ？
ワンワンワンワン
ワン

玄関のチャイムが鳴ると吠えるのは条件反射の一種

コラム

条件反射とは、反射と無関係な刺激を繰り返し与えることで、その刺激だけで反射が起こるようになる現象のことをいいます。犬にエサを与えるときに特定の音を必ず聞かせていると、その音を聞いただけでヨダレを流すようになります。

トイレを失敗するのは住みかとトイレが近すぎる可能性が

本能的ににおいを嫌っている

トイレのしつけは、犬を飼ううえでもっとも大切なことのひとつです。

完全な室内犬以外は、散歩の途中で排便をすることが多いようですが、なかには外では排便や排尿をせず、しかも、決められたトイレ以外の場所を汚す犬もいます。

どうしてもトイレで排便・排尿をしない場合、犬がトイレの場所を嫌っていることが考えられます。たとえば、寝床の近くにトイレを置いていませんか。

野生時代の犬は洞窟などをねぐらにしていました。そこで排便・排尿をするとにおいがこもり、衛生状態も悪くなるため、洞窟から少し遠い場所でするのが習慣でした。つまり、犬にとって自分の住みかとトイレがあまりにも近すぎるのは、本能的に受け入れられないのです。

トイレを遠くにしても失敗を繰り返すときは、そのたびに注意してください。

ただし、おしっこやウンチが床にあるのを見つけてから注意するのでは遅すぎます。排尿や排便をしているときに注意すること。遅くても、終わった瞬間にしてください。

注意のしかたは、物差しで床を叩いたりして、犬が驚くような音を立てる方法がいいでしょう。他の場合と同様に、怒るのは逆効果になります。注意をしてからトイレへ連れて行けば、定められた場所で排尿や排便をするようになるはずです。

いずれにしても、室内飼いでトイレのしつけができない放し飼いが原因ですので、ハウスに隔離し、定期的にハウスから出したりトイレをさせ、しばらくしたらハウスにしまうということを繰り返すことで習慣づけます。

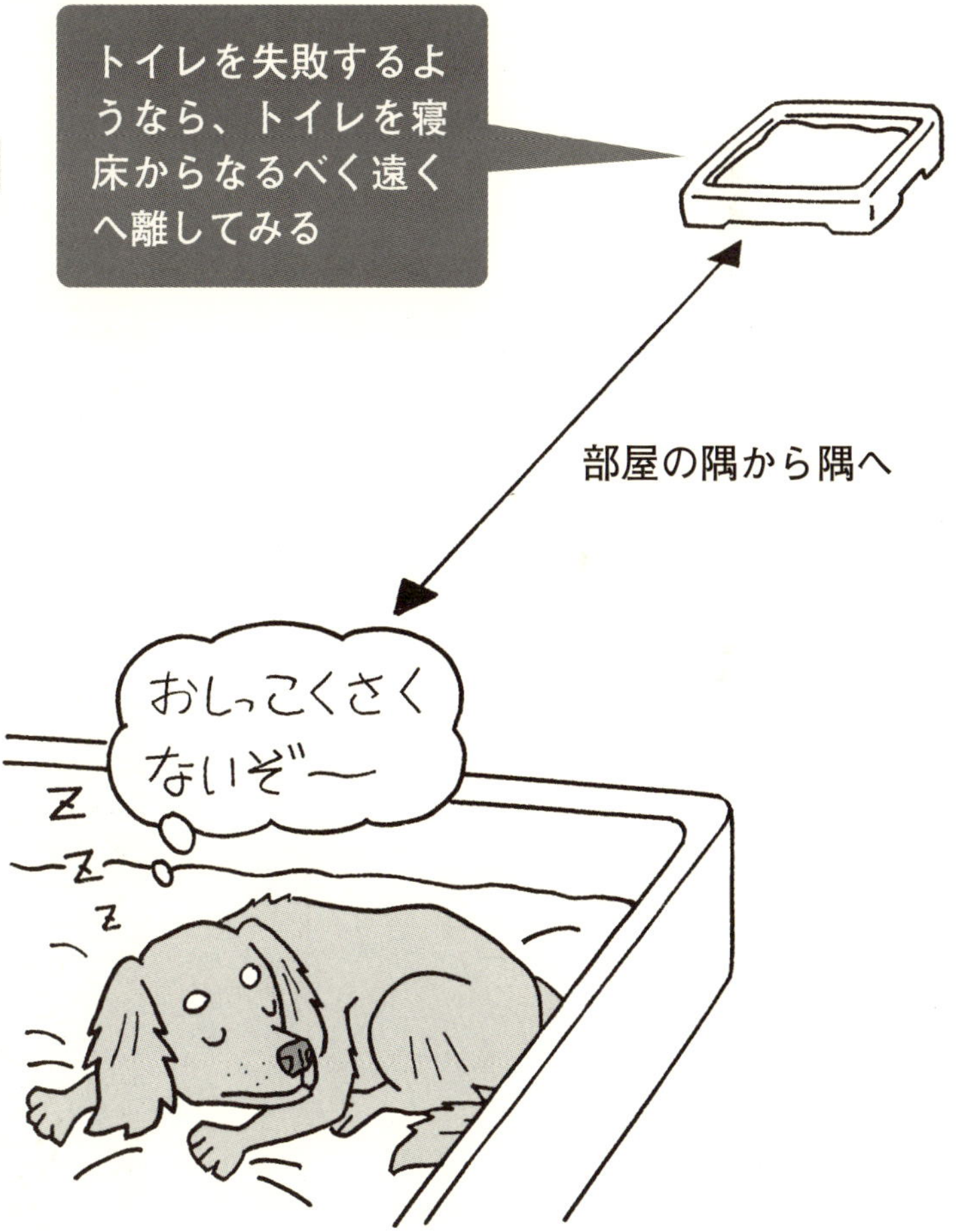
トイレを失敗するようなら、トイレを寝床からなるべく遠くへ離してみる
部屋の隅から隅へ
おしっこくさくないぞ〜
Z
Z
Z

コラム

生後２カ月くらいからトイレのしつけを始める飼い主が多いようですが、このときの子犬は人間でいうとまだ３歳児くらい。この歳ならトイレを失敗しても当然と考え、あせらず気長に教え込んでください。飼い主がイライラすると、かえって覚えにくくなります。

クラクションなど特定の音におびえるのはトラウマの可能性が

小さな音で慣らしてやる

ふだんはとてもおとなしくていい子なのに、散歩中に車のクラクションが聞こえたとたんに暴れ出したり、うずくまって動かなくなってしまう犬がいます。こうなった理由は、条件反射と考えられます。

車にひかれたことがあったり、ひかれそうになった犬は、そのときに聞いたクラクションと、体の痛みや恐怖を関連づけて、「プーッ」という音を聞いた途端に体が反応してしまうのです。

痛みや恐怖体験が音と直接関係ない場合もあります。

たとえば、ひどく叱られたときに、飼い主がちょうど掃除機をかけていたとすると、掃除機の音と叱られたという記憶が関連づけられ、掃除機の音にひどくおびえることがあります。また、掃除機の音そのものが怖い犬も多いようです。

こんなときは、その音に慣れさせることが大切です。犬がいやがる音をICレコーダーなどに録ってきて、寝床でリラックスしているときなどに小さい音で聞かせます。そしてボリュームを大きくしていき、その音に慣らします。

嫌いな音を聞かせながらある程度その音に慣れてきたら大好きなおやつを与え、「この音が聞こえると、いいことが起きるんだ」と教え込むのもいい方法です。散歩の途中でクラクションが聞こえたとき、掃除機をかけるときにおやつを与えるのも有効です。

ただし、動かなくなった犬に対し「大丈夫だよ。私がついているからね」と声をかけたり覆いかぶさるようにして保護する姿勢をとるのは逆効果になる場合があります。

声かけをすると恐怖感が倍増し、悪いほうへ条件付けされ、いつまでもその音に慣れなくなってしまいます。

この音が聞こえる
と いいことが
起きるぞ!
プップップ
嫌いな音には
慣れさせることが大切

救急車や消防車のサイレン（ピーポーではなくウーウー）が聞こえてくると、それに反応して遠吠えを始める犬がいます。これは、サイレンの音と遠吠えの周波数が近いために起こる現象です。また、一般的に犬は花火や雷など、突然の大きな音は苦手なようです。

コラム

迷子になっても家に戻れるのは生体磁石と嗅覚のおかげ

コンパスのように東西南北がわかる

『三匹荒野を行く』というディズニーの実写映画があります。知人の家に預けられていた二匹の犬と一匹の猫が力を合わせて300キロも移動し、無事に家にたどりつくという冒険ストーリーです。

距離の長短はありますが、これと同じようなことが起きて感動のニュースとして取り上げられることがあります。なぜ犬は、はるか遠くから自分の家に戻ることができるのでしょうか。

その理由としてあげられているのが、生体磁石と嗅覚《きゅうかく》というふたつの働きです。生体磁石とは、地球の磁場を感知する体の仕組み。

実際にどの器官がその役割を果たしているかはいまだにわかっていませんが、これがあることによって、コンパスのように東西南北がわかるといわれています。ミツバチやサケ、渡り鳥などに備わっているのが有名ですが、この生体磁石を犬も持っているらしいのです。

おそらく犬は、ふだん自宅から太陽や月がどの方角に見えるのか確認していて、それを思い出しながら生体磁石を使って自分の家のある方向を探し出しているのではないかといわれます。

家に近づくと、今度は嗅覚を使います。犬の嗅覚は人間の一億倍以上ともいわれていますから、かすかに残されたマーキングのにおいや、風とともに漂ってくる家のにおいを敏感にかぎ取り、進むべき方向を導き出すわけです。

ところが、最近は迷子になる犬が増えているそうです。室内で優雅に暮らすことによって生体磁石の機能や嗅覚が衰えているためではないでしょうか。迷子になったときのことを考えて、安全のために個体識別のマイクロチップを施術しておきましょう。

迷子になっても家に戻れる二つの働き

生体磁石
地球の磁場を感知する仕組み

優れた嗅覚
犬の嗅覚は人間の1億倍以上。かすかなにおいもかぎ取る

犬が自宅へ戻ってこられるのは、方向細胞の働きによるものという説があります。方向細胞とは、どの方向にどれだけ移動したのかを感覚器官が感知し、それを記録する脳細胞のこと。オックスフォード大学はこの記録細胞を実際に発見したと主張しています。

コラム

母犬が子犬の口をくわえて唸るのはイジメではなく教育

子犬の教育は母親にまかせる

飼育環境の問題もあって、最近は血統書付きの犬でも去勢や避妊手術をすることが多くなっているようですが、飼い犬が子を産むという素晴らしい経験を目《ま》の当たりにする人もいます。

ところで、犬の子育てを見ていると、疑問が膨らみます。たとえば、母犬が子犬の口をくわえて唸っている光景をときどき見かけます。子犬は痛そうにクンクン鳴いているので心配になりますが、母犬の怒りは相当なもので、近づくとこちらが攻撃されかねないため、ただ見守っているしかありません。

しかし、あまり心配する必要はありません。これはイジメではなく、あくまでも母犬のしつけです。子犬の口をくわえて低く唸ることによって「それをやってはいけません！　わかりましたか」と伝えているわけです。

もしこのときに母犬のことを叱ってやめさせると、当然のことをやっていた母犬は強いストレスを受けますし、子犬は物事の良し悪しや犬の世界のオキテやあいさつなどを学習できなくなってしまいます。

人間からすると体罰に見えますが、犬には使える手も言葉もありませんから、こうして口を使って教えるしかありません。

散歩中に他の犬が近くを通りかかるとすぐに飛びかかろうとする犬がいますが、それは幼いころに母犬から犬の世界のオキテを十分に学んでこなかったために起こること。このような問題行動を起こさないためにも、母犬にしっかりと教育してもらうべきでしょう。

ちなみに、ガブリとかんでいるように見えますが、母犬はちゃんと力の加減をしていますから、子犬がケガをすることはめったにありません。

母犬に代わって飼い主がそのことを教えてやってください。

母犬がしつけ中のときは、やめさせずに見守る

生後30日を過ぎると、母犬が授乳をいやがりはじめます。これは、子犬たちに乳歯が生えてきて、おっぱいに歯を立てられるためで、母犬は授乳を苦痛に感じはじめているからです。こんな素振りが見えたら、離乳食を与えはじめましょう。

コラム

他の犬のおしっこをかぐのは相手の強さを確かめている

犬種や性別、年齢も判断している

犬と一緒に散歩をしていると、電信柱や草むらなどをかぎまくって、なかなか進まないことがあります。他の犬のおしっこ（マーキング）のにおいをかぎ、自分のなわばりが荒らされていないかどうかを確認しているのです。しかし、おしっこのにおいをかいで何がわかるのでしょうか。

犬がなわばりを誇示するときにするおしっこをマーキングといい、そのなかには性ホルモンやフェロモンがたっぷりとふくまれています。私たち人間にとってはくさいおしっこですが、犬たちにとっては名刺と同じ。それをかぐと、犬種や性別はもちろん、体の大きさや性成熟度、年齢、そして身体的強さまでわかるといわれています。

通常、犬はマーキングの上からマーキングをして、自分のなわばりを誇示しますが、自宅の近くにもかかわらず、においをかいだだけでスタスタ行ってしまう犬もいます。

これは、そのにおいの主が圧倒的に強いということ。ケンカをしても絶対に勝てないとわかっているので、無駄な争いを避けようとしているのです。

マーキングは犬にとってあいさつのようなものですから、飼い主には当然またはやむを得ない行為と考える人が多いようです。しかし、犬嫌いにとってはただの不潔な行為で、町を汚しているとしか思えません。門柱や家の前に止めた車などにマーキングされて怒りを感じる人もいます。

マーキングを完全にやめさせるのは困難ですが、していいところと悪いところを教え込むのは可能です。他人の家などでマーキングをしようとしたら、リードを強く引いて「そこでしてはいけない」と伝えること。ただし、迷惑がかからないところでマーキングをしようとしたら、待ってやりましょう。

コイツよりは
オレが上
コイツは
強そうだ
クン
クン
おしっこをかいだだけで、犬種や性別、体の大きさ、性成熟度、年齢、身体的強さまでわかる

コラム

フェロモンといえば交尾の前に異性を引き寄せるための性フェロモンが有名ですが、危険に遭遇したときに放出して仲間にそれを知らせる警報フェロモンや、仲間を集合させる指令を出す集合フェロモン、巣へ帰るために利用する道しるべフェロモンなども存在します。

お風呂のあと床を転げ回るのは自分のにおいを取り戻すため

―こまめに水洗いしてにおいを残してやる

　ほとんどの犬は、生まれつき泳ぎが得意。そのため、猫ほど水を嫌いません。とくにコッカースパニエルやレトリバーなどの犬種は水遊びが大好きなので、大型犬でもお風呂へ入れるのは比較的楽です。それに対し、柴犬などの日本犬はお風呂があまり好きではなく、苦労するようです。

　ところが、お風呂から出たとたん、床やじゅうたん、ときには庭などで転げ回り、あっという間に体を汚くしてしまう犬がいます。

　飼い主は「せっかくきれいにしたのに」と落胆しますが、犬にとって風呂上がりはけっして気持ちいい状況ではありません。それは、シャンプーや石けんのにおいが全身から漂っているため。犬の嗅覚《きゅうかく》は鋭いため人間にはほのかないいにおいでも、犬にとってはくさくてたまらないのです。

　また、犬にとって自分のにおいは身分証明書のようなもの。

　においがなければ他の仲間に自分が自分であることを伝えられませんから、重大な問題なのです。

　そこで、犬は自分のにおいが染みついている床やじゅうたん、庭などで転げ回り、犬にとって大切で快適な自分のにおいを全身につけようとするのです。

　自分のにおいを取り戻すのが目的ですから、きれいにすればするほど、この行動は激しくなります。そのたびにお風呂に入れるという神経質な飼い主もいるようですが、それではイタチごっこです。

　シャンプーをたっぷり使って犬のにおいをすべて消そうとするのではなく、こまめに軽く水洗いしてにおいを残してやると、転げ回る回数は減るはずです。

　シャンプー後はただちにタオルで体を拭いてやり、ドライヤーで乾かし、犬を自由にさせなければいいのです。

お風呂で取れてしまった自分のにおいを取り戻そうと必死になる

コラム

愛犬がお風呂嫌いで困っている場合は、お湯の温度を上げてみましょう。ブリーダーや獣医のなかには「お風呂の温度は30度以下に」と言う人もいますが、35度以下では冷たすぎるでしょう。適正温度は40度前後がいいようです。

お尻のにおいをかぐのは「こんにちは」「よろしく」のあいさつ

臭気から情報を得るのが目的

散歩中に他の犬と出会うと、お互いにお尻のにおいをかぎあうことがあります。とくにオスとメスの場合には気恥ずかしいため、ついついリードを強く引いてやめさせてしまいますが、犬にとっては単なるあいさつで、性的な目的はありません。

私たち人間も、初対面の人と会ったときには「はじめまして」と言って名刺交換をしますが、犬のお尻のかぎあいはこれと同じ。相手の性別や強さなどを確かめあっているのです。

しかし、なぜお尻なのでしょうか。じつは、犬の肛門のすぐ下には肛門腺という一対の器官があり、そこから特別な臭気を持つ液体を分泌しています。犬はその分泌物のにおいからさまざまな情報を得ようとしているのです。

ちなみにこの分泌物は、犬がウンチをするときによく観察していると確認できます。

ウンチが終わった瞬間、おしっこのような液をポトリと数滴たらすはずです。これが犬の肛門腺から出た分泌物です。

犬の分泌物は少量のため、においはそれほど気になりませんが、イタチやスカンクなどはこの肛門腺がとくに発達しているので、強烈なにおいをまきちらします。

しかし、肛門腺から分泌物を出すのが苦手な犬がいます。それをそのまま放置しておくと炎症を起こしたり、場合によっては肛門腺自体が破裂して致命傷になることもあるため、ときどき肛門腺を確認してやりましょう。

犬が自分のお尻を気にしだしたら要注意です。もし肛門腺が張っている場合には、獣医やトリマーに肛門腺を刺激・圧迫してもらい、分泌物を出してやりましょう。

お尻のにおいで相手の
性別や強さを確かめる
メスですね
クン クン
そんなに強くないですね
クンクン

コラム

犬は飼いたいけれど、犬のにおいが苦手という人がいます。そんなときは、体臭の少ない犬を選べばいいでしょう。たとえば、トイ・プードル、シーズー、チワワ、パピヨンなどの小型犬なら、1カ月に1回程度シャンプーすればにおいはほとんど気になりません。

食事中に食べ物を奪うクセはおねだりに応じたから

犬のエサやりは飼い主が食事を終えてから――これは、もっとも大切なルールのひとつです。しかし、これを守っていると困ったことが起きます。それは、飼い主や家族が食事をしているときにおねだりをすることです。

おねだりのしかたは、それこそ千差万別。「クーンクーン」と悲しそうに鳴く犬、不満げに吠える犬、まるで「お願いしますよ」と言っているように、前脚で飼い主に触れる犬などなど……。

根負けして「少しだけね」とおすそわけをしてしまう飼い主が多いようですが、これは絶対にしてはいけないことです。

よく「愛犬がテーブルやキッチンに飛び乗って人間の食べ物を奪って困ります」という飼い主の声を聞きますが、その原因はこの「少しだけね」にあります。

犬は賢い動物です。しかし、人間ほど思考能力は発達していませんから、「ふだんはダメだけど、今回だけは特別だよ」という複雑な話は理解できません。一度でも食事を分けてしまうと「人間の食事はいつでも食べていいもの」と考えます。おいしそうな食べ物がテーブルやキッチンにあったら、食べてしまうのは当然なのです。

「少しだけ」はいけない

食事の奪い取りを治すには、心を鬼にしておねだりを徹底的に無視すること。いくら吠えようが悲しそうに鳴こうが相手にしないでください。テーブルやキッチンに乗ろうとしたら、厳しく叱りつけます。乗れないようにイスをきちんとしまっておくことも大切です。

最初のうちは「なぜ今日はダメなの?」と不思議そうな顔をするかもしれませんが、根気よく続けていると「人間の食事は食べてはいけない」と理解するようになります。

ダメ
ちょっとだけ
ちょうだい
クーン
クーン

食事の奪い取りをなおすには、心を鬼にしておねだりを徹底的に無視すること

コラム

私たちの食事は犬にとってはカロリーが高すぎます。おねだりするたびに与えていると、あっという間に肥満してしまいます。肥満が体によくないのは犬も人間も同じ。愛犬に健康で長生きしてほしいなら、絶対におねだりに応じないことです。

追いかけるのは犬の狩猟本能、発散させてやる方法を

とくに猟犬にはこの傾向がある

最近ではめったに見かけなくなりましたが、しばらく前までは、都会でも野良犬を見かけたものです。下校途中や外で遊んでいるときに野良犬に追いかけられたという経験がある人もいるはずです。

そのときの様子を思い返してみてください。おそらく、野良犬がいきなり襲いかかってきたというのではなかったはずです。

あなたの仲間の誰かが逃げ出したのをきっかけに野良犬が向かって来て、それから逃げるために、あなたも走りはじめたのではないでしょうか。

野生時代の犬は、すばしっこいネズミなどの小動物をつかまえて食べていました。そのころの本能は、逃げる獲物はなんとしてでも追いかけて捕まえたいというもの。

その気持ちが現在も犬の脳に刻み込まれていて、目の前で動くものや自分から遠ざかろうとするものを見ると、つい追いかけたくなってしまうのです。

とくにこの傾向が強いのはビーグルやバセット・ハウンドなど、猟犬として活躍するために作られた犬たちです。

彼らは衝動性や好奇心、追跡能力など狩猟本能を伸ばすように交配・飼育されてきたので、自転車や走る人などを見かけると、追いかけずにはいられなくなってしまうのです。

なかには、特定の公園や道路でだけ自転車や人を追いかけたがる犬もいます。これは、その公園や道路を自分のなわばりと思い込んでいるために起きること。自分のなわばりではないところでは、「勝手に狩猟をすると、他の犬に怒られるからやめておこう」と考え、気持ちを抑えているのです。

あまりにも追いかけが激しい場合は、ボール投げやかくれんぼなどをして発散させてやりましょう。

自分から遠ざかろうとするものを見ると追いかけたくなる

コラム

犬のなかでもっとも足が速いのは、ドッグレースで有名なグレーハウンドといわれています。その最高速度は時速60キロ。しかも、スタートから１秒以内にこのトップスピードに到達します。ただし、チーターなどと同じように、長距離走はあまり得意ではありません。

狭いところに隠れていても一匹にしておいたほうがいい

もっとも安心する場所だから

ふと気がつくと、いつもそばにいる愛犬の姿がどこにも見えないことがあります。「〇〇！」と呼んでも来る気配がなく、心配になってあちこち探すと、ベッドの下やソファーの裏側などに隠れて震えていた――こんな経験はありませんか。

つい「〇〇、大丈夫？　こっちへおいで」と言いながらのぞき込んだり、手を差し出すでしょうが、できればその気持ちをぐっとこらえ、放っておいてください。

犬が狭いところや暗いところへ隠れるのは、何かに驚いたり恐ろしい目にあった証拠。その原因はさまざまですが、たとえばお皿を落として割ってしまったときの音や、テレビから聞こえてきたタイヤのスリップ音などでも異常におびえて隠れてしまうときがあります。

飼い主は、そんな狭苦しいところへ隠れなくても、私のひざの上へ来てくれれば守ってあげるのに、と思うでしょうが、犬にとっては暗く狭いところがもっとも安心する場所です。

ふだんは飼い主の体に触れて安心する犬でも、恐怖のレベルが高すぎると本能が命じるまま、暗く狭いところへ向かってしまうのです。

狭いところで愛犬が震えているのを見て驚く飼い主もいますが、大声をあげたり必死になればなるほど犬はおびえます。無理に引きずりだそうとするとかみつくことさえありますから、落ち着いて自分から出てくるのを待ってやりましょう。

ちなみに、犬が出てきたら隠れていた場所を必ず確認してください。

恐怖のあまりおもらししていることがあり、それを放置しておくと、そこをトイレと勘違いする可能性があるためです。

犬が狭いところに隠れているときは、自分から出てくるまで放っておいてやろう

コラム

尿道括約筋が先天的に弱い犬の場合、ちょっとした驚きや恐怖でも失禁します。小型犬よりも大型犬によく見られる症状で、大量のおもらしをする場合は、尿道括約筋の働きを疑ったほうがいいでしょう。

グルーミングできない犬種もある。散歩のたびにするのが基本

犬まかせ、人まかせは避けよう

グルーミングは毛や皮膚を清潔にするための行動です。ところが、犬は猫のように全身をくまなくグルーミングすることはできません。

もともと犬は中毛でした。それは、犬の原種に近いシベリアンハスキーなどを見てもわかります。ところが、人間は犬を改良して、見ばえのいい長毛種を増やしてきました。単に毛が長いだけではなく、プードルのように縮れ毛の犬種を作り出したため、とても自分の舌だけではグルーミングできない犬種が増えて、放っておくと体臭が気になったり体が汚れたたままという事態になったのです。

また、短毛種のなかにも改良によって体型が変化し、自分ではグルーミングできなくなった犬もいます。そのため、飼い主が犬にかわってブラッシングやシャンプー、ときには余分な毛をカットしてやらなければならないのです。

「グルーミングはトリマーにおまかせ」という飼い主もいるようですが、グルーミングは散歩のたびにするのが基本です。

外にはノミやダニ、カビ、細菌などがウヨウヨしていますから、散歩から戻ったらしっかりブラシをかけ、それらを落としてやらなければなりません。また、こまめにグルーミングしてやれば、ケガや皮膚病の早期発見にも役立ちます。

グルーミングをあまりしないと、犬は人間に体を触られるのをいやがるようになってしまいます。お金をかけて育てられた犬のなかには、知らない人に触れられるのを極端に嫌い、すぐにかみつこうとする犬が少なくありません。これは、飼い主が日常的にグルーミングをしなかった証拠です。トリマーにすべてまかせるのではなく、毎日の手入れは必ず飼い主がすることです。

第3章

行動から知る犬の気持ち

他の犬に頭を低く下げ、お尻を上げてしっぽを振るときは遊びの誘い

ーそのまま様子を見てやろうー

犬の気持ちを知るときには、耳やしっぽだけではなく全身の動きに注目することも大切です。たとえば、前脚を伸ばして頭を低く下げ、尻を上げて尾を左右に大きく振るしぐさをすることがよくあります。これは「遊ぼう！」と積極的に誘っている、犬特有のポーズです。

散歩の途中で他の犬と出会ったときにこのポーズをされると、「相手の犬に飛びかかるのではないか」と心配になり、リードを思い切り引っ張って引き離そうとする飼い主もいるようです。でも、これは攻撃ではなく友好の気持ちを表しているのですから、それほど神経質になる必要はありません。相手の犬の反応にもよりますが、できればそのまま様子を見てやりましょう。すると犬の満足度が上がり、ストレスも解消されるはずです。

犬を複数飼っていると、じゃれあっているのかケンカをしているのかわからず、困惑することがあるはずです。追いかけっこや飛びかかり、かみつきをしたあとにこのポーズをとった場合には「今のは冗談だからね。だからもっと遊ぼうよ！」と伝えているので、安心してください。

このような遊びは犬同士の地位確認や服従のオキテなど、社会性を学ぶために大切な儀式です。過度に興奮しないかぎりは無理に引き離す必要はありません。

あなたが初対面の犬にこのポーズをとられたときは、歓迎されている証拠です。頭をなでるなどして親愛の情を示してあげましょう。このポーズは犬にとって「はじめまして。よろしく」というあいさつでもあるのです。

ちなみに、顔や鼻をわざと押し付けてくることもありますが、かまってほしい、遊んでほしいという気持ちの表れです。

頭を下げ、尻を上げて尾を振っているのは友好の気持ち
遊ぼうよ
かまって
顔や鼻を押し付けてくるのはかまってほしい気持ち

コラム

地位の確認やなわばりを守るために行なわれる犬同士のケンカは、相手に致命傷を与えるようなことはめったにありません。でも、犬が人間に襲いかかった場合には深刻なケガを負わされることが多いようです。これは、人間が服従のポーズをとらないためとされています。

円を描きながら近づいてくるのは友好と服従の意思表示

―攻撃する意思がないことを示してやろう―

愛犬の名を呼んでもいつものように一直線に走ってこないで、円を描きながらゆっくり近づいてくることがあります。なんとも不思議な行動です。でも、このとき、あなたは怒っていませんでしたか。

私たちも外回り中に「上司の機嫌が悪い」という知らせを聞くと、なかなか会社に戻りにくいもの。無駄な努力とはわかっていても、わざと寄り道などして帰社時間を遅らせたくなります。犬が円を描くのも同じ理由。つまり、かなり恐怖と緊張を感じているのでゆっくり近づいてくるのです。

円を描くのは、犬にとって最大の弱点である脇腹を相手に見せるということでもあり、これは「私は弱点をさらけ出しているのですから許してくださいね」「あなたに絶対服従していますから、攻撃しないで」という気持ちを示しています。つまり、100%服従しているという意味ですから、これ以上厳しく叱ると逆効果になりかねません。

また、初対面の犬が円を描きながらあなたに近づいてきたり、散歩の途中で出会った犬に対してこのような態度を示すのは、「緊張はしているけれど、あなたを攻撃するつもりはありません」という意思表示ですので、驚いて逃げる必要はありません。

もしあなたが犬好きなら、姿勢を低くしてこちらにも攻撃する意思がないことを示してやれば、相手の犬は喜んで近づいてくるでしょうし、犬嫌いでもそのままじっと立っていれば大丈夫です。

初対面の犬と親しくなりたいと思ったときにも、この近づき方を利用しましょう。「かわいい!」と思っても一直線に駆け寄るのではなく、わざとゆっくり円を描いて近づくのです。すると、犬も安心してあなたを受け入れてくれるはずです。

犬にとって最大の弱点である脇腹を相手に見せながら近づいてくるのは100%服従しているという意味

コラム

人の最大視野が約210度なのに対し、犬種にもよりますが、犬の視野は最大で300度にまで達します。これは、目が顔の左右についているからですが、そのかわり突き出た鼻のために死角が発生し、目の前の数十センチの範囲は見ることができません。

かみつきは自信のない証拠。子犬のころにクセをつけないように

甘がみに注意する

ときどき「ペットの犬が逃げ出して通行人にかみついてケガをさせた」という事件が起きます。愛犬家にとっては残念としかいいようのないニュースですが、犬のことをあまり知らない人は、「凶暴な犬だからかみついたんだ」と思うようです。

しかし、実際には「臆病な犬だからかみついた」というケースのほうが多いのです。

犬と人間の体の大きさを比べると、よほどの大型犬でもないかぎり、人間のほうが大きいのが普通です。しかも、目線の位置は人間のほうがはるか上。自分より大きな相手にケンカをしかける動物はめったにいません。ライオンなどが野生の牛を襲う場合はありますが、この場合は集団で襲いかかり、一対一で挑もうとすることはまずありません。

つまり、犬が自分より大きな人間をかむのは例外中の例外ということ。よほど追いつめられなければ人をかもうとはしません。

かみつきは捨て身の攻撃なのです。人をかんだ場合、飼い主も含めて非難されるのは当然ですが、犬も必死だったということは確かです。

しかし、かみつく犬とかみつかない犬がいるのも事実。この違いは、子犬のときの育て方によります。子犬は、どんなものにでもかみついてみます。これは、目の前にあるものが何かを知るための行動ですが、その延長線で飼い主の手をかむことがあります。このときのかみ方は、いわゆる「甘がみ」です。

でも、これを放置しておくと、いつまでもかむクセが抜けず、大人になってからも人をかむようになってしまうのです。子犬と成犬ではかむ力はまったく違いますから、甘がみのつもりでも人にケガを負わせてしまう可能性が高いので、必ずそのクセをなおしておきましょう。

かみつきは捨て身の攻撃。よほど追いつめられなければ人をかもうとはしない
いじめないで
ガブッ

コラム

額と鼻のつなぎ目にあるくぼみの部分から鼻先までのことを「マズル」と呼びます。このマズルは、犬にとって武器であると同時に弱点でもあります。なぜなら、マズルを抑えられると、牙という武器を使えなくなるからです。

アイコンタクトを教えて飼い主をボスと認識させる

第一歩は名前を呼んでおやつをやることから

飼い主をボスと認めさせるため、犬に注目を要求することも「アイコンタクト」と呼びます。

注目することとボスと認識することの関係が理解できない人もいるかもしれません。学校の朝礼を思い出してみてください。注目するのは生徒で、注目されるのは先生や校長先生でした。つまり、注目するほうは目下、されるほうは目上という関係ですが、これは犬の世界でも同じです。

訓練の目標は、名前を呼んだらどんなときでも飼い主の目に注目させること。エサを食べていても、大好きなボール遊びをしているときでも、それをすぐにやめて飼い主の目を見るように訓練します。これをしっかり教え込んでおけば、ボールを追って車道へ出そうになったとしても、名前を呼べば立ち止まるので、事故にあわずにすみます。

アイコンタクトを教える第一歩では、犬の名前を呼びながらおやつをやります。こうして「振り向くといいことがある」と教え込みます。

これができるようになったら、テレビやオモチャなど、他のものに気をとられているときに一度だけ名前を呼び、飼い主に注目させる練習をします。それができたら、すぐにおやつを与え、「よしよし」「よくできたね」とほめてやります。

次は散歩の途中で名前を呼んでみましょう。外には興味の対象がたくさんありますから、とても気が散ります。確実にできるようになるまで根気よく続けましょう。

もし、ここまで完璧にできるようになったら、おやつの回数を徐々に減らしていきます。おやつのために注目しているのではないと教え込むのです。ちなみに、犬の集中力はせいぜい十分くらいなので、あまり長く続けても意味がありません。

**名前を呼んだらどんなときでも
飼い主の目に注目するように訓練しよう**

コラム

一般的に、パグやシーズーなどは目の病気にかかる可能性が高いとされています。目が大きくて飛び出ているだけではなく、まばたきの回数が少ないことも関係しています。これを防ぐため、最近では目を小さくする手術も行なわれています。

自分のしっぽを追いかけるのはストレス発散のため

犬が自分のしっぽを追いかけてぐるぐる回っていることがあります。おもしろい光景なので、そのままにしがちですし、友人が来るとそれを見せようとする飼い主もいるようです。

なんにでも興味を持つ子犬の場合、あまり自分で見る機会のないしっぽに突然気がつき、それを追いかけているということがあります。しかし、成犬になってからも自分のしっぽを追いかけている場合は、その原因は強いストレスにあると考えられます。

たとえば、大嫌いなお風呂に入れられたり、慣れないペットホテルに泊まったあとなどに、この行動を見せることが多いとされています。つまり、やりたくないことを強いられて生じたストレスを発散させるため、このような行動に及ぶのです。

しっぽが長い犬の場合、単に追いかけているだけではなく、ガブリとかみついて傷つけたり、ときには食いちぎってしまうことさえあります。「ウチの子は、ただしっぽを追いかけているだけだから大丈夫」と気楽に考える人も多いようですが、追いかけるのと食いちぎるのは紙一重の差だということを知っておいてください。

寄生虫や病気のこともあるので注意

また、寄生虫や病気を抱えている場合にも、自分のしっぽを追いかけるような行動を見せることがあります。

この場合、正確にはしっぽではなく自分の肛門を確かめようとしてぐるぐる回っているのですが、飼い主にはその区別がつかないので「しっぽを追いかけている」と見えてしまうのです。

強いストレスを与えた覚えがないにもかかわらず、自分のしっぽを追いかけるしぐさを見せる場合には、肛門周辺のチェックと寄生虫の有無を確認してやったほうがいいでしょう。

やりたくないことを強いられて生じたストレスを発散させるため、ぐるぐる回る
クルッ クルッ
寄生虫や病気を抱えている場合もあるので注意

コラム

お尻をかゆがる理由で多いのが、サナダムシの寄生です。健康な成犬では無症状ですが、寄生数が多くなると貧血や下痢、食欲不振などの症状が現れると同時に、肛門からサナダムシの一部を出したり、かゆみに耐えかねてしっぽを追うようなしぐさを見せます。

ものをこわすのは散歩としつけ不足が原因

ストレスを与えないのが肝心

仕事から帰ると、大切にしていたものがズタズタに引き裂かれていた――犬を飼っていると、こんな悲劇がよく起きます。

子犬のころは力が弱いこともあって、こわす物などたかがしれていますが、成犬になるにつれ被害は大きくなります。

これは、いわゆる「破壊癖」という行動。子犬のころはイタズラですますことができても、成犬がやれば問題行動です。

なぜ、犬はなんでもかんでもこわそうとするのでしょうか。まず忘れてはならないのが、犬にとって何かをかむというのは、呼吸をするのと同じくらいあたりまえの行動だということ。つまり「何もかむな！」と命じるのは不可能です。しかし、ものがこわれるほどかむのには明らかな理由があります。

第一に考えられるのが、運動不足によるストレスがたまっていた可能性。

忙しい飼い主にとって、朝晩の散歩は負担かもしれません。しかし、それは犬を飼っている以上、絶対に避けられないこと。もし、散歩をおこたって大切なものを破壊されたのならば、自業自得というわけです。

もうひとつの理由は、しつけ不足。子犬は乳歯から永久歯に生え替わる生後三～七カ月の間にかむことを覚えます。そのときに、「オモチャはかんでもいいが、家具やソファーなど、かんではいけないものもある」と教えないと、犬は「なんでもかんでいい」と思い込んでしまいます。

かんではいけないものをかんだときには、その場ですぐ怒るのではなく、物理的に犬に不快感を与える天罰で抑制することが大切です。大声でしっかりと怒ることが大切ですが、暴力的対処はストレスのもとになるのでやめましょう。

運動不足などでストレスがたまると、ものがこわれるほどかんでしまうことがある

コラム

犬が破壊に使うのは主に犬歯です。犬歯は上下のあごに各2個ずつある鋭く大きな歯。オモチャなどをこわしていると、犬歯が欠けて歯髄が露出してしまうことがあります。このまま放っておくと、そこから細菌が入り込み、歯髄炎を起こす可能性があります。

散歩のときにリードを引っ張る犬は自分がボスと思っている

ときどき犬を散歩させている人が、犬に思い切りリードを引っ張られている光景を見かけます。上り坂などでは楽でいいと思われるかもしれませんが、これは好ましい行動ではありません。

犬はもともと群れで暮らしていた動物です。そのなかにリーダーがいて、群れの行動や行き先を決定していました。散歩のときにリードを引っ張るということは、行き先を犬が決めている——つまり、犬は自分がリーダーと思い込んでいるのです。

これを日常的に許していると、犬は飼い主の言うことを次第にきかなくなり、わがままになってしまいます。また、首に強いストレスがかかるため、犬の健康にも悪影響を及ぼします。

リードを引っ張られないようにするには、リーダーは飼い主である、ということを犬に認めさせることです。

飼い主が進む方向を決めるように

具体的には、犬にせがまれて散歩に行くのではなく、飼い主が犬を散歩に連れ出すこと。そして、散歩の最中には飼い主が進む方向を決めます。

たとえば十字路にさしかかったときに犬が率先してまっすぐ行こうとした場合には、飼い主はわざと右または左に行くようにします。すると犬は「自分の思いどおりにはならない」と学習します。

ふだんから「待て」「おすわり」「伏せ」などの命令に従うことを教え込んでおくのも大切です。こうすることによって、「飼い主の指示には絶対に従わなければならない」（飼い主がリーダー）ということを伝えられます。

散歩の途中で先に行く素振りを見せたら、すかさず「待て」「おすわり」などと指示を出し、立ち止まらせるようにしましょう。こうして、犬に決定権がないことを教え込むのです。

リードを引っ張られないように、リーダーは飼い主ということを犬に認めさせるようにしよう

コラム

犬のリードにはさまざまな素材やデザインのものがありますが、丈夫で滑りにくい革製のものがおすすめです。長さは、飼い主がリードを持った手を上にあげて先端が地面につく程度が適当です。伸縮するリードは犬が勝手に先へ歩いて行くのでよくありません。

ボール遊びをしても喜ばないのは犬に見にくい色だから

赤系の色には反応しにくい

犬はボール遊びが大好きです。ところが特定の色のボールを使うと、ほとんど興味を示さないことがあります。ボールにもともと興味を持たない犬もいますが、その色が見えにくいからです。

以前は「犬猫は色の区別がつかず、白黒の世界のなかで生きている」といわれてきましたが、最新の研究によると、人間でいうところの色覚異常だということがわかってきました。

哺乳類の目の中（網膜）には、色を感じるための錐《すい》体《たい》細胞と光の明暗を感じる桿《かん》体《たい》細胞という二種類の細胞があります。人間の場合、錐体細胞にも三種類あり、それぞれが赤、青、緑という光の三原色を強く感知します。

ところが犬（猫も同じです）には、二種類の錐体細胞しか存在しません。どの色を感知しているかは明らかではありませんが、おそらく赤と緑ではないかとされています。つまり、犬が見ている世界は白黒ではないものの、二原色で構成されているので、人間よりもかなり再現力が低いということになります。

しかし、赤は二原色のひとつですから、見やすいはずです。それなのになぜ、反応が鈍いのでしょうか。それは、人間に比べて犬が明るさに弱いためと考えられています。もともと犬は夜行性でした。そこで、明るいところよりも暗いところで活動しやすいように目も進化してきました。明るいよりも暗いほうが周囲を認識しやすいということです。

ところが、色を感じる錐体細胞はある程度の明るさがなければ働いてくれませんから、このふたつの細胞のかねあいで色がうまく識別できるのは明け方と夕方の薄暗いときだけ。昼間はまぶしすぎて色を識別できないのです。とくに赤色はその傾向が強く、赤のボールに反応しにくいのです。

昼間はまぶしすぎて赤の
ボールに反応しにくい

犬と猫は色覚異常ですが、鳥や猿、亀、エビ、鯉、金魚などは人間と同じように三原色を理解しているといわれています。逆に、牛はまったくだめで、白黒の世界に生きています。犬よりエビの色彩感覚が優れているというのが不思議ですね。

コラム

室内でおしっこのマーキングを始めるのは不安が原因

環境の変化が原因かもしれない

犬のおしっこには二種類あります。ひとつは余分な水分や排泄物《はいせつ》を出すため。そしてもうひとつはオスがマーキングをするときに使うおしっこです。前者は人間のものと同じですが、後者はなわばりや発情期を持つ動物だけがする特別なものです。

このときのおしっこには、メスに自分の存在や力を誇示するための性ホルモンがたっぷりふくまれているので、かなりにおいがキツイのが特徴です。

また、犬がマーキングするときには後ろ脚をふだんより大きく上げ、できるだけ高い位置にかけようとします。小型犬のなかには逆立ちまでして頑張る犬もいるほどです。これは、自分の体ができるだけ大きいと相手に知らせるため。体が大きければそれだけ強いということになりますから、なわばりの維持にはかなり効果的で、メス犬へのアピールにもなるはず。そこで、少しでも高いところにおしっこをかけようと必死になるのです。

オス犬にとってマーキングは絶対に欠かせない仕事のようなものです。しかし、これを室内でやられると、たいへんなことになります。マーキングをさせないためには去勢をすればいいとされますが、一度マーキングを覚えてしまった犬は、去勢をしたあとも続けますので、去勢はマーキングが習慣になる前にしなければなりません。

それまで一度もマーキングをしたことがないのに、突然マーキングを始めたときには、環境の変化が原因かもしれません。同居人が増えた、引っ越したなどの出来事があると、不安な心持ちになってマーキングをすることがあります。

また、犬が飼い主よりも地位が高いと勘違いすると、室内でもマーキングを始めるので、過度に甘やかさないようにしてください。

あっ!
ここにも・・・・と
引っ越しをすると不安からマーキングをすることがある

コラム

電信柱にマーキングしても無関心な飼い主がいるようですが、近所に住んでいる人にとっては悪臭の源です。トラブルを避けるためにも、散歩の際には水道水を入れたペットボトルを持ち歩き、愛犬がマーキングをしたところを洗い流しましょう。

他の犬とケンカするのは飼い主を守ろうとするため

吠えるだけではなく、他の犬を見かけると猛然と向かっていこうとする犬がいます。力の強い大型犬の場合には抑えきれず、とっくみあいのケンカになってしまうことも。

仲の悪い間柄を「犬猿の仲」といいますが、じつは「犬犬の仲」もあまりいい関係にあるとはいえません。なぜなら、犬（とくにオス）は、どちらの地位が高いかを比べたがるからです。

お腹を見せる服従のポーズなどは、このような無駄なケンカを避けるためなのです。でも幼いころに親から引き離され一匹で人間に育てられた犬は、そんな犬の社会のルールや常識をまったく学習してこなかったのですから、他の犬、とくに初対面の犬と出会ったりすると、いきなりケンカということになってしまうのです。

大声で叱ってはいけない

ケンカが始まると、犬は極度に興奮します。体を張って止めようとすると、誤ってかまれる可能性が高くなります。また、大声で叱るのも興奮を助長するだけなのでやめましょう。ケンカを止めるときには必ずリードを引くことです。そして、相手の犬が見えなくなるところまで連れて行き、優しい言葉をかけて落ち着かせます。

このとき厳しく叱る人がいますが、犬は飼い主を知らない犬から守ろうとしたのかもしれません。それにもかかわらず叱られると、困惑してしまいます。

落ち着いたら、ケガをしていないかどうか確めましょう。

犬の犬歯は鋭いため、ちょっとかまれただけと思っても深い傷の場合がありますし、かみ傷を放っておくと化膿することがあります。

「大丈夫だろう」と素人判断せずに、必ず獣医さんに診てもらうようにしましょう。

オレが敵から
守ってやる
ワン
ワン
ワン
ワン
ワン
コラ
!

犬同士のケンカは、飼い主を守ろうとしているのかもしれないので、しっかり犬を制御しましょう

犬がケンカを始める前には、必ず唸りあい（または片方が唸る）が起きます。唸りはじめたら危険信号と考えてください。また、犬にも相性があるので、特定の犬にだけ敵意を向ける場合は、散歩のコースや時間をずらしたほうがいいでしょう。

コラム

屋外で飼育すると言うことを聞かなくなるのはなぜ？

できるだけ顔をあわせるように

吠え声や敷地の問題から、最近は大型犬でも屋内で飼う人が増えました。過保護だという意見もありますが、しつけや健康のことを考えると、屋外で飼うことには数多くのデメリットがあります。

まず、屋外で飼う犬はストレスが多くなります。もともと犬は群れを作って生活してきました。ところが、屋外で飼う場合には独りぼっち（犬を複数飼うケースを除く）で犬小屋で過ごすことになります。これが犬にとってはストレスとなり、前脚をペロペロなめ続ける常同行動を起こしたり、無駄吠えを始めることがあります。

また、飼い主や家族と一緒にいる時間が少ないと自分の地位をわきまえなくなり、命令をきかなくなったり、散歩のときにリードを強く引っ張るようになります。

こんな問題行動を起こさせないためには、できるだけ頻繁《ひんぱん》に接することです。散歩とエサやりのときだけではなく、ときどき犬の様子を見に行き、「元気？」「寒くないか」などと声をかけてやりましょう。顔をあわせればあわせるほど親密な関係になれるのは、人間も犬も同じです。

また、屋外飼育の場合はリードをつけて行動を制約するケースがほとんどでしょうが、これも犬にとっては大きなストレスになります。とくに子犬をこうして育てると、いじけたり神経質な性格になってしまいます。できれば庭を自由に動けるようにしてやりたいところです。

犬はもともと寒冷地で生活していたため、寒さに注意を払う必要はありませんが、夏の暑さと蚊対策は大切です。

とくに、蚊《か》が媒介するフィラリア（犬糸状虫症）は犬の致命傷になりますから注意が必要です。

さびしいな
独りぼっちで過ごすことが多いとストレスがたまる
楽しいな
頻繁に接すると、問題行動を起こしにくくなる

フィラリアとは、蚊が媒介する寄生虫の名前。犬の白血球はフィラリアを敵と認識できないため、おもに心臓と肺動脈に入って増殖を始めます。この状態をフィラリア症と呼びます。フィラリア症にかかった犬は、肺、肝臓、腎臓の機能障害を起こします。

コラム

ウンチのときにぐるぐる回るのは敵の確認作業をしている

のぞき込まれると不安になる

犬がウンチをする前のしぐさを見たことがありますか。

ウンチをする場所を決めると、ぐるぐる回りはじめるはずです。いつも同じことをやるので、ついつい笑ってしまうのですが、犬にとってはとても大切な行動です。

鋭い犬歯だけが武器の犬にとって、後半身は弱点です。弱点はさらけ出さないのが基本ですが、ウンチをするときだけは、どうしても後半身を突き出さなければなりません。しかも、わずかな時間であってもそのままじっとしている必要があります。

これは、野生時代の犬にとって、とても深刻な問題でした。そこでウンチをする場所が決まると、必ずぐるぐる回り、敵がいないかどうかをしっかり確めていたのです。

その行動が長い間に犬の脳に本能として刻み込まれ、敵に襲われることなどない現在でも同じようにぐるぐる回るというわけです。

ウンチをしている犬の顔をのぞき込むと、なんとも情けない表情をすることがあります。まるで「恥ずかしいから見ないで」というかのように。

しかし、恥ずかしいという気持ちはありません。これは、「ウンチをしているときは無防備なので、いくら飼い主とはいえ、のぞき込まれると不安です」という気持ちの表れです。

ちなみに、人前でもまったく気にせずウンチをしてしまう犬がときどきいます。これがいやなら、運動後や食後にウンチが出やすいので、この時間帯は人前に連れて行かないようにしましょう。そして、リラックスできる草むらなどへ連れて行きます。そこでウンチをしたら、ごほうびをやるように気長に訓練してください。

ウンチをする場所が決まると、敵がいないか確かめるためにぐるぐる回る
ここでウンチをするぞ

コラム

犬がウンチを失敗することがあります。こんなときは、何も言わずに黙って掃除すること。「またか」などと言うと、飼い主が喜んでいると勘違いして、わざと失敗し続けます。トイレでちゃんとできたときだけ、大いにほめてあげましょう。

散歩中に雑草を食べたがるのは胃腸の調子が悪いとき

毛玉やビタミン不足も原因

散歩をしていると、犬が草むらに顔を突っ込んで雑草をムシャムシャ食べはじめることがあります。その理由として考えられるのは次の三つです。

①胃腸の調子がよくないとき

犬は人間とは比べものにならないほど丈夫な消化器官を持っていますが、それでもときどき胃腸の調子が悪くなります。それをなおそうとして雑草を食べることがあります。

犬にとって雑草は漢方薬のようなものです。たとえば、道ばたによく生えているイヌ麦は、その名のとおり犬の大好物ですし、胃腸の働きを整える作用があります。また、漢方薬として使われるドクダミも草むらなどに生えており、これも犬が好んで食べます。

②毛玉を吐き戻したいとき

犬は自分の舌を使ってグルーミングをしますが、このときに毛を飲み込んでしまいます。その毛が胃の中にたまると毛玉になり、消化不良などを起こします。そこで、先のとがった草を食べて胃や食道を刺激し、吐き出すことがあります。

③ビタミン不足のとき

犬は肉食と思われがちですが、正しくは雑食です。肉ばかり食べているとビタミン不足に陥ることがあります。そこで、ときどき草を食べてビタミンを補うのです。

雑草を食べても異常行動とはいえませんが、道ばたに生えている雑草には雑菌や寄生虫などがついていて、かえって体調を悪化させることもあります。雑草を食べたがってもリードを引いてやめさせ、ペットショップなどで「犬の草」や「猫の草」として売られている草を食べさせるようにしてください。これなら寄生虫も農薬も使われていないので安心です。

犬が雑草を食べる理由

1
胃腸の調子が
良くないとき
2
毛玉を吐き戻
したいとき
3
ビタミン不足
のとき
草も食べなきゃ

コラム

犬の草、猫の草として売られているのは、主にエン麦という稲科の植物です。犬猫は草の部分しか食べませんが、実には良質なタンパク質がたっぷりと含まれています。生成されてオートミールとして人間の食用にもされています。

飼い主のそばから突然離れるのは安心している証拠

強いリーダーに守られていると感じる

人間がテレビなどに熱中していると、それまでお尻をつけて寝ていた犬が急に起き上がって部屋の隅などへ行ってしまうことがあります。「かまってやらなかったから、イジけてしまったのかな」と不安になりますが、こんなときはそのまま放っておいても大丈夫。こんな行動を見せるのは、犬が安心している証拠だからです。

犬があごを床や地面につけて寝るのも、ウンチをする前にぐるぐる回るのも、身のまわりに危険が迫っていないかどうかを確かめるため。このことからもわかるとおり、野生時代には、犬が安心できることはめったにありませんでした。

唯一安心できる時間があるとすると、それは強い力を持ったリーダーに守られているときだけだったのではないでしょうか。圧倒的に強いリーダーがいれば、そのグループに属している犬は、安心して離れた場所でのんびり眠ることができます。

じつは、飼い主から突然離れていく犬の心境もこれと同じです。つまり、犬にとって飼い主が強い力を持ったリーダーに映っているということ。強い力を持っていればなわばりも広いので、「リーダーから多少離れても大丈夫。安心、安心」と考え、部屋の隅など居心地のいい場所へ移動するのです。

飼い主にとってはつねに自分のそばにいて離れようとしない犬のほうがかわいいものですが、それはあなたの力を犬があまり信頼していないということ。あなたのなわばりが小さいため、犬は安心して離れることができないわけです。

「ウチの犬は、いつもベッタリのくせに、言うことをちっともきかない」とグチる飼い主がいますが、それも原因はまったく同じ。犬が飼い主の力が小さいと考えているので、言うことをきかないのです。

安心すると部屋の隅など居心地のいい場所へ移動する
安心
安心

コラム

自分がどの程度信頼されているか確かめたいときには、愛犬の脚先を１本ずつ握ってみましょう。なんの抵抗もせず受け入れてくれたら、あなたは愛犬に信頼されている証拠。もし、犬があなたの手を振り払おうとしたら、残念ながら信頼関係はいまひとつともいえます。

頭をなでようとするとかみつくのはおびえているから

触られるのが苦手な部分がある

散歩中の犬を見かけると、「あら、かわいいワンちゃん」などと言いながら、うれしそうに駆け寄ってくる人がいます。自分の飼い犬がほめられるのですから悪い気はしませんが、すぐに頭をなでようとするので、かみつきはしないかと心配ですね。

犬は頭をなでたり体を触られるのが大好きで、必ず喜ぶ――こう思っている人が少なくありません。もしかすると、犬を飼っている人も勘違いしているかもしれません。しかし、犬が体を触られて喜ぶのは、幼いころからタッチングのしつけをされたから。飼い主が、人間は怖くないんだよ、触られると気持ちいいんだよと教え込んだから喜んでくれるのです。

反対に、人に触れられることなく育った犬は、人との接触を極端に嫌い、頭をなでようとして手を伸ばしただけでかみつくことも珍しくありません。

これは攻撃的なのではなく、人間を恐れているために起きることです。犬と人間の体の大きさを比べると、圧倒的に人間が大きいですね。そんな大きな生き物が近づいてきたら、怖いのは当然です。あまりにも怖いので、かみついてしまうわけです。

犬とスキンシップをとるときに大切なのは、飼い主もリラックスすること。飼い主が緊張していると、犬にもそれが伝わりリラックスできないので、注意してください。そして、頭からしっぽに向かって、そっとなでてやります。ポイントは優しく声をかけながらなでること。じっと黙ったままで体をなでられると、かえって犬が不安を感じます。

スキンシップが好きな犬でも、触れられるのが苦手な部分があることも覚えておきましょう。たとえば、しっぽや耳は絶対に引っ張らないように。これをやると、なついている犬でもかむケースがあります。また、肉球を触るのは楽しいのですが犬は喜びません。

人に触れられることなく育った犬は、人との接触を極端に嫌い、頭をなでようと手を伸ばしただけでかみつくことも

犬が触れられると苦手な部分

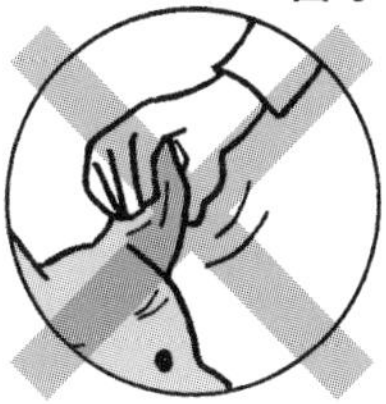
耳

しっぽ

コラム

通常、犬の肉球は黒色です。肉球は地面を歩くうちに固くなっていきますが、室内犬の場合は大人になってもやわらかいままです。やわらかいほうが触って気持ちいいのですが、肉球はケガをしやすいので、室内犬は散歩のときに注意が必要です。

前脚で顔をかくのは不満、後ろ脚は満足やうれしさの表れ

ときには病気の可能性も

「猫が顔を洗うと雨が降る」という言い伝えがあります。顔を洗うといっても、もちろん水で洗うわけではなく、唾液をつけた前脚で顔をぬぐうだけです。猫は湿度が高くなったり気圧が低くなったことに不快感を感じるとこれを始めるそうなので、この言い伝えはけっこう当たるそうです。

猫だけではなく、ときおり犬も顔を洗うようなしぐさを見せます。ちなみに、犬の場合は唾液をつけないので、「かく」と表現しますが、かゆいからかいているわけではない場合が多いようです。

このしぐさをしたときにまず考えられるのが、不満があることです。たとえば、飼い犬そっちのけで談笑していると、わざと視界に入って顔をかきはじめることがあります。これは「自分にも注目してほしい」「かわいいと言ってほしいのに、無視されている」というアピールです。

犬は、飼い主や家族、お客さんの注目をつねに浴びていたいという気持ちが強いため、わざとではなくても無視され続けることに耐えられないのです。とくに前脚で顔をかくような素振りをするときには、不満を訴えていると考えていいでしょう。

後ろ脚で顔をかく場合には、満足やうれしさを表しています。たとえば、いつもよりおいしいエサをもらったり、長く遊んでもらったときにこのしぐさが見られます。飼い主に対する「どうもありがとう」という感謝の気持ちですから「どういたしまして」と答えてやりましょう。

ただし、頻繁《ひんぱん》に顔をかいているときには、病気の可能性がありますので注意してください。とくに多いのが、耳の中にダニがわいていたり耳カスがたまっているケースです。耳がたれている犬種は飼い主の目が届きにくいため、とくに注意が必要です。

あっ
ボクにも
注目して
どうも
ありがとう
不満があるとき
前脚で顔をかく
うれしいとき
後ろ脚で顔をかく

コラム

犬の耳に寄生するミミヒゼンダニは感染力の強いダニです。多頭飼いをしている場合、1頭にこのダニが見つかると、あっという間にすべての犬に感染します。生後2～3カ月ごろがもっとも感染しやすいため、子犬の耳は頻繁にチェックしてやりましょう。

飼い主の体に脚をのせるのはボス意識。必ず振り払うように

―優位さを認めてはいけない

ソファーに座っていると、犬が隣にきてくつろぐことがあります。そして、さりげなく飼い主の腕や腿の上に前脚を置くことがあります。

まるで、心が通じ合った恋人のようなしぐさなので許しがちですが、これを許してはいけません。すぐに振り払ってください。

相手の体に前脚をのせるのは、自分のほうが地位が上という意味の行動です。つまり、その犬は「ボクのほうが優位なんだよね」と、あなたに同意を求めているのです。前脚を振り払わないでいると、犬はあなたが同意したものとみなします。

ドッグランなどでも、犬が他の犬の肩や背中に前脚をのせている光景を見かけますが、相手が「冗談じゃない。オレのほうが優位にきまっているだろう」と思っている場合には振り払います。

これと同じことを飼い犬にもやらなければなりません。

振り払っても同じことを繰り返す場合は、はっきり「いけません」「やめなさい」と叱りつけましょう。

このくらいは許してやっても、と思いがちですが、「このくらい」と思っているのは飼い主だけです。犬は「一事が万事」と考えます。すべての行動に問題が起きるようになりますから、心を鬼にして振り払うことです。

ちなみに、お座りをして飼い主の顔を見ながら前脚をのせるときには、何かを求めているサインです。運動不足のときは「散歩に行きたい！」、エサの時間が待ち遠しいときには「おやつをちょうだい」などということです。この場合も、すぐ要求に応じるとクセになってしまうので、必ず待たせること。「お手」などの号令をかけ、それに従ってから応じるのもいいでしょう。

相手の体に前脚をのせるのは、自分のほうが地位が上という意味。絶対に許してはいけない

コラム

しつけをする場合、言葉と同時に、ある種のしぐさをするよう心がけてください。たとえば「ダメ！」と言うときに広げた手のひらを見せるといった具合です。「ダメ！」という言葉を発しなくても、犬は手のひらを見ただけで「怒られた」とわかるようになります。

手のにおいをかぐのは調査、なめるのは服従の気持ち

ただし抱いている場合には別の意味も

知人の家を訪ねると、飼い犬が駆け寄ってきて手のにおいをクンクンかぎはじめたりします。手だけではなく、足や荷物、さらには股間までかぎはじめる犬もいます。

バツが悪いので、「やめて！」と振り払いたくなる気持ちもわかりますが、ちょっと待ってください。犬との関係を良好に保ちたいなら、満足するまでかがせてやることです。

あちこち探り歩くことを「かぎ回る」というように、犬が初対面の人の体をかぎたがるのも、相手調査のようなもの。においだけでどこまでわかるのかは〝犬のみぞ知る〟ですが、このように調査することによって、その人が敵か味方か、そしてどう対応すればいいのかなどを確かめているのです。

相手調査ですから、途中で妨害されると犬は相手のことがわからず、警戒を解かないままの状態が続きます。こんな状態では「かわいいね」などお世辞を言ってもなついてくれませんし、不用意に手を出せばガブリとやられるだけ。だから、犬が満足するまでにおいをかがせてやるべきなのです。

かぎ終わったあとで、犬があなたの手をペロリとなめてくれたら「あなたに服従しますから、仲良くして」という意思表示です。うまく関係を築いたので、頭をなでてやってもガブリとやられる心配はありません。

ちなみに、犬を抱きかかえているときにも手をペロリとなめられることがありますが、これは「お願いだから下ろして」「自由にして」というお願いのサインです。あなたのほうが地位が上だと認めているので、いやなことをされてもかみつかず、ペロリと手をなめることによって意思表示をしているのです。犬も譲歩しているのですから、ペロリとやられたら素直に下ろしてあげることです。

においをかぐのは
調 査
敵か？
味方か？
クン
クン
手をなめるのは
服 従
ペロ
ペロ
仲良く
してね

コラム

犬好きにとって、犬になめられるのはうれしいのですが、ズーノーシスには注意してください。ズーノーシスとは人と動物の間で伝染する病気です、とくにレプトスピラ症に感染すると命を落とすこともあるため、必ず混合ワクチンの接種をしておきましょう。

食事中にかまうと唸るのはエサをとられると思うから

とてもなついている犬でも、エサを食べているときにかまおうとすると、唸ったりかみつこうとする場合があります。

問題行動と勘違いしたり、「おい、ご主人様に向かって何をするんだ！」と怒る飼い主もいますが、食事中に電話や来客があれば、人間だってあまりいい気はしません。犬だって気持ちは同じです。

とくに犬の場合は、野生時代の飢餓感が私たち人間より強く残っているので、食事のときにはつねに「このエサを失ったら死活問題だ。なんとしてでも守らないと」と思っています。そこで、食事を邪魔されるのに強い抵抗と怒りを感じるのです。

さらに、食事をしているときはとても無防備な状態のため、犬はひどく緊張しています。そんなとき体に触れられると、飼い主だとしても条件反射で攻撃してしまうのです。

ちなみに、気の弱い犬の場合には、食事のたびにかまわれていると、それがトラウマとなって食事をしなくなってしまう場合もあります。

食事中は放っておくこと

つまり、どんなになついている犬でも、食事のときだけは静かに放っておいてやったほうがいいということ。食事が終われば何ごともなかったように、また犬のほうから飼い主へ近づいてきますから、かまうのはそれからにしましょう。

ところで、人の手からエサをもらうことを極端に恐れる犬がいます。これは、叩かれた経験があるためです。「手は痛い」とインプットされてしまったので、いくらおいしいエサがそこにあっても恐ろしくて取れないのです。

こんなときは手で叩くのをやめ、日常的になでてやります。こうして「手は気持ちいい」とデータが書き換えられるまで気長に待つしかありません。

食事のときに邪魔をされると犬は強い抵抗と怒りを感じる
やめろ!

コラム

犬がエサを残したときにはさっさと片付けてしまうこと。なぜ食べてくれないんだろうと心配になり、ふだんより高いエサを与える飼い主もいますが、「残せばおいしいエサがもらえる」と学習してしまい、ますます食べなくなってしまいます。

ハウスを与えても喜ばないのは広すぎるから

室内で犬を飼っていると、いつの間にかソファーや玄関マットが犬の定位置になっていることがあります。「それならそれでいいか」と思いがちですが、犬のことを真剣に考えるなら、四方を囲まれたハウスを与えてやりましょう。

犬の祖先であるオオカミは、今も自然にできた洞窟や岩の割れ目などに巣穴を作って生活しています。四方が岩などで囲まれた薄暗いところを好むわけで、犬にもその嗜好《しこう》は受け継がれています。

人が行き来する玄関のマットや、一日中テレビや人の声がするリビングルームのソファーは、犬にとってあまり快適ではありません。やむを得ずそこを選んでいるだけなのです。

ところが、ホームセンターなどで立派なハウスを買ってきても、犬が使ってくれないことがあります。「お前のために大金を出したのに、なんてヤツだ！」と怒りたくなる気持ちもわかりますが、それはハウス選びに問題があります。

犬に対する愛情が深ければ深いほど、飼い主は立派なハウスを買ってしまう傾向がありますが、犬が好きなのは四方が囲まれた薄暗い洞窟や岩の割れ目です。立派なハウスでは空間が広すぎて落ち着かないのです。

落ち着ける空間はどこか

犬が落ち着ける空間というのは、伏せの姿勢をとって脚が飛び出さない程度の奥行きと、立ち上がってくるりと方向転換ができる高さと幅です。飼い主からすると「狭すぎるのでは」と思うくらいのサイズがちょうどいいようです。

ハウスの置き場所は静かな寝室がベスト。犬の姿が見えないとさびしいからとリビングルームにハウスを置く人もいますが、犬だって独り静かにしていたいときもありますから避けましょう。

ハウスは狭すぎると思うくらいのサイズで

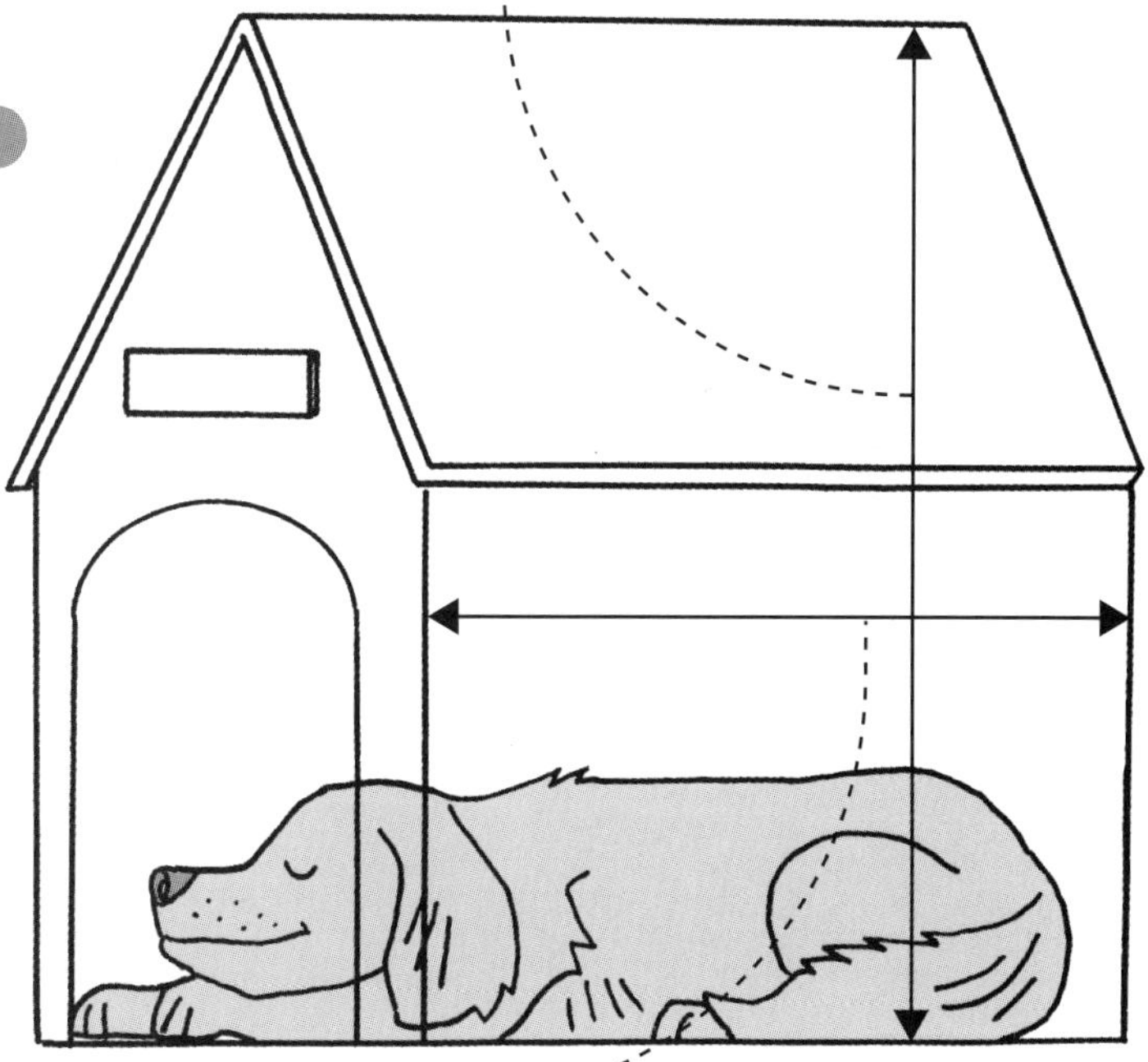
立ち上がって、くるりと
方向転換できる程度の高さと幅
伏せの姿勢をとって
脚が飛び出さない程度の奥行き

コラム

ちょうどよいサイズの犬小屋を買ってきたにもかかわらず、愛犬が使ってくれないことがあります。それには必ず理由があります。たとえば、犬小屋で愛犬を叱りませんでしたか。「犬小屋＝叱られる」というデータがインプットされると、近づかなくなります。

多頭飼いを始めたら先輩犬が言うことをきかなくなる場合がある

上下関係を尊重してやる

すでに犬を一頭飼っているが、もう一頭増やすことがあります。すると、それまでとてもおとなしかったはずの先輩犬が急に言うことをきかなくなったり、飼い主に対して攻撃的な態度を示しはじめることがあります。

「ははーん、新しく来た犬にかまっているので、ヤキモチを焼いているな」と思い、できるだけ平等に接しようとすると、ますます問題行動はエスカレートします。先輩犬が問題行動を起こした理由は、あなたが二頭を平等に扱おうとしたところにあるのです。

犬はもともと群れを作って行動していましたが、その群れのなかには明確な順位があり、エサを食べる順番から寝床の場所まで厳格に定められていました。つまり、犬は上下関係にとても厳しいということです。それにもかかわらず、あなたが平等に接しようとするので、先輩犬は不満を示したのです。

多頭飼いをする場合にもっとも大切なのは、犬たちが決めた上下関係を尊重してやることです。先輩犬がいる場合には、その犬の地位が上になりますから、エサやりも先、遊びも先、かわいがるときも先という決まりを厳守すること。こうして先輩犬のプライドを尊重してやれば、突然の多頭飼いでも問題行動に悩まされることはありません。

ただしこれは、同じ犬種、同じ性別の場合です。先輩犬がメスや小型犬で、後輩犬がオスや大型犬の場合は、地位が逆転することがあります。

このような場合にも飼い主が口出しや手出しをせず、犬が決めた上下関係を尊重してやったほうがうまくいきます。

ちなみに、先輩犬がメスや小型犬でも、気が強い場合には地位の逆転は起きませんから、どちらが上になるのかを見守りましょう。

お前が
一番だよ
多頭飼いをする
場合は、犬たち
の上下関係を尊
重してやる

小型犬でもチワワやテリアはとても気が強く、あとから大型犬が来ても、地位を保つことが多いようです。反対に、マスティフやアイリッシュ・ウルフハウンドは体が大きくても優しい性格のため、上位を奪われることが珍しくありません。

コラム 62

多頭飼いをしているときのケンカには手を出さない

かえってストレスがたまる

最初から多頭飼いをしていたり、新しい犬が増えた場合、犬同士のケンカが始まることがあります。「たいへん！　ケガをする前にやめさせないと」と犬たちを引き離し、先にケンカをしかけた犬、またはボス犬を叱りつけたりしますが、これはまったくの逆効果です。いつまでたってもケンカはおさまらずに小競り合いが続き、やがてどちらかの犬が大ケガをすることになります。

多頭飼いでケンカが起きるのは、上下関係があいまいになったことを表します。どちらの地位が上かわからなくなったため、犬たちはケンカをしてそれを明らかにしようとしているのです。

このときのケンカは地位の上下を確認するためのものので、相手にケガを負わせるのが目的ではありません。そのため、どちらかが「参りました」「あなたのほうが上です」と認めた時点で終了します。

ところが、白旗を掲げる前に飼い主が仲裁に入ったり、どちらか一方だけを罰するとストレスがたまり、ケンカの理由が「上下関係の確認」から「腹の虫がおさまらないから相手を攻撃する」に変わってしまいます。こうならないためにも、犬のケンカには口出しをしないようにすべきです。

ただし、人間と同じようにケンカの手加減がわからなくなった犬がいます。一方がキャンキャン鳴いたり、しっぽを後ろ脚に巻き込んで逃げるなど、明らかに勝敗が決まっているにもかかわらず、もう一方が攻撃し続ける場合には必ず止めに入りましょう。そうしないと、致命傷を負わせかねません。

ケンカが終わると、どちらかの犬がマウンティングなどをして上下関係を確定します。その様子を確かめ、飼い主がその結果を尊重してやらなければならないのです。

犬同士のケンカは、上下関係が確定するまで口出ししてはいけない

コラム

仕事が忙しくて愛犬をかまってやれないので、多頭飼いをして喜ばせてやろうと考える人がいます。しかし多頭飼いを始めると、1頭あたりに注ぐ時間が減ってしまうため、犬はますますさびしさを募らせるので注意してください。

犬は視力がよくないので知った人にも唸ることがある

人の顔を覚えられないわけではない

犬を飼っている知人の家へ行くと、そのたびに警戒されたり唸られることがあります。何度も来ているのだから覚えてくれてもいいようなものです。「きっと、犬っていうのは言われているほど頭がよくないから、人の顔を覚えられないんだ」と勝手に納得してしまう人もいるでしょうが、それは大きな勘違い。犬があなたを認識してくれなかったのは、視力があまりよくないからなのです。

犬の視力を人間にたとえるのは困難ですが、0・3〜0・5程度しかないという研究結果があります。運転免許証をとるときに求められる視力は両眼で0・7ですから、お世辞にもよいとはいえない数字です。

ところが、牧羊犬に使われるボーダーコリーの視力を計測したところ、1・5キロメートル先で人が手を振っているのを認識したといいますから、混乱してしまいますね。

犬の目の見え方は人間を基準にして考えると、とても特殊です。具体的に説明すると、人の顔を判断するときのように細部を確認したり静止しているものの場合は、かなり近づかなくては見えません（近視）が、動いているものを確認するときには1キロくらいの距離はものともしません（遠視）。

これは、犬が狩りをして生活していたために備わった能力です。獲物を発見するためには動いているものを遠くから視認する必要がありますし、近くになれば視覚よりも鋭い嗅覚《きゅうかく》に頼ったほうが確実ということで、こんな目の見え方を獲得したとされています。

ちなみに、視力は犬種によっても大きく異なります。たとえばビーグル犬は狩猟犬でありながら、あまり視力がよくありません。これは、嗅覚に頼って狩猟をするため。それに対し、グレーハウンドは2キロ先の獲物も見ることができるといわれています。

久しぶり
誰だっけ
静止しているものは
かなり近づかないと
見えない
いたぞ
動いているものは
遠くても見える

コラム

老犬は白内障で視力を失うことがあります。とくに、プードルやコッカースパニエルなどの人気犬種は白内障にかかる可能性が高いとされています。犬はもともと視力が弱いため、視力を失っても飼い主が気がつかないことがありますから、注意してください。

飼い主より先にエサを食べさせると命令をきかなくなりやすい

ねだられても根負けしない

犬に必要なエサの量は一日あたり体重の2~3%とされています。つまり、体重10キロ前後の中型犬の場合には200~300グラムということです。犬へのエサやりは一日一回でいいとする飼育書や専門家もありますが、ドライフードで200~300グラムというとかなりの量になりますから、衛生面から考えても、朝と夜の二度に分けて与えるのが一般的です。

しかし食欲旺盛な犬の場合、夜のエサやりまで待てないこともしばしば。あまりにもしつこくねだるので「しかたがない」と根負けして自分たちより先にエサをやってしまうことがありますが、これは絶対にしてはいけません。なぜなら「飼い主より自分のほうが地位が上」と思い込んでしまうからです。

もともと犬は群れで行動していました。狩りも群れで行ない、手に入れたエサは力の強い順に食べていくのがオキテです。つまり、食事をする順番は犬にとって重要なことなのです。

「食事を先にさせても、しつけさえしっかりやれば大丈夫」と考えている飼い主もいるかもしれませんが、それは大間違い。自分のほうが地位が上と思い込んだ犬は、飼い主の言うことや命令を聞かなくなり、自由奔放に振る舞うようになります。

無理に命令をきかそうとすると「なんで格下のお前の言うことを聞かなきゃならないんだよ」と反発し、飼い主を攻撃することもあります。こんな状態を「権勢症候群」(アルファ・シンドローム)といいます。

愛犬を権勢症候群にさせないために、エサやりの方法はとても大切です。何よりも大切なのは飼い主が先に食事をすること。そして、食事を完全にすませてから犬にエサを与えます。このとき、少しずつエサを与え、飼い主にエサを与える権限があることを伝えるのも効果的です。

第4章

犬の心と体

犬のヨダレは汗がわり。暑ければ暑いほど多くなる

体温調節として理解してやろう

はじめて犬を飼った人が驚くことのひとつに、ヨダレがあります。おいしいエサを目の前にしてヨダレを出すならまだわかるのですが、一日中ヨダレを出し続け、胸の毛をびしょびしょにしてしまう犬もいるほど。健康な成人がヨダレをたらすことはまずありませんから、犬が口からだらだらヨダレをたらす様子を見ると、人間は本能的に嫌悪感と不快感を覚えるようです。

しかし、犬とヨダレは切っても切れない関係にあります。なぜなら、犬のヨダレは人間の汗に相当するためです。

私たちは気温が上昇すると、皮膚にある汗腺《かんせん》から汗を出して体温を調整します。しかし、肉球など、ごく一部を除いて犬の皮膚に汗腺はありませんから、体温を下げるためには口を大きく開け、汗のかわりにヨダレを出すしかないのです。

しかし、いくら暑くてもヨダレをたらさない犬種もあります。大別すると、柴犬などの和犬はヨダレをたらしにくく、レトリバーなどの洋犬はたらしやすい、またブルドッグのように、全身に比べて頭が大きい犬ほどたらしやすいとされています。

これは、口の両端にあるヒダの構造に関係しています。柴犬は口の両端がたるんでおらず、比較的口をしっかりと閉じることができるためヨダレが流れ出にくいのですが、レトリバーは口の両端がたるんでいるので、分泌されたヨダレが流れ出てしまうのです。

ヨダレは体温調節をするために分泌されるわけですから、夏場はエアコンで室温を下げたり、犬の体重を適正に保つことによって、ある程度は抑えられます。しかし、根本的原因は口の構造にあるわけで、完全になくすことは不可能です。どうしてもヨダレが気になるときは、タオルで拭いたりヨダレかけをするといいでしょう。

犬のヨダレは人間の汗のようなもの

コラム

愛犬のヨダレがふだんより多い、ひどいにおいがする、泡が出ている、血が混じっているなどの場合は、口のなかに傷や炎症ができていないかを確認しましょう。傷などがない場合には中毒やジステンパーなども考えられるため、必ず獣医に診てもらうようにしましょう。

犬が必要とする栄養は人間とはまったく異なるもの

ビタミンC不要、タンパク質は大量に必要

以前は人間の食事の残り物を飼い犬に与えることがよくありましたが、犬にとって人間の食事は塩分が強すぎ、長期にわたって与え続けると腎不全や動脈硬化、心疾患などを発症する恐れがあります。

たとえば体重5キロ前後の小型犬の場合、一日に必要な塩分摂取量はわずか1グラムほど。それに対し人間（日本人）は12～13グラム前後を摂取していますから、ケタ違いに多い量です。この差は、犬がほとんど汗をかかないためだとされています。

人間にとっては欠かせないビタミンCも犬はあまり必要としません。彼らは体内でビタミンCを作り出してしまうからです。また、人間が主食としている炭水化物もそれほど必要としていません。それどころか、犬は炭水化物の分解が苦手なので、摂取する必要がないとする研究者もいるほどです。

砂糖も炭水化物の一種ですから、犬には甘いものも与えないほうがいいことがわかりますね。

それに対し、タンパク質は大量に必要です。人間が必要とする必須アミノ酸（体内で合成できないか、または合成することが難しいため、食物から摂取しなければならない）は八種類ですが、犬の場合は十種類にも及びますから、人間より多様なタンパク質（食材）を摂取しなければなりません。

また、カルシウムにいたっては人間の十四倍も必要です。とくに生後六カ月までは一日あたり8グラム程度必要といわれています。ちなみに、人間の基準摂取量は一日0・6グラム、上限摂取量は2・5グラムですから、いかに犬がカルシウムを必要としているかわかるはずです。

このように、犬と人間が食事に求めるものはまったく異なりますから、エサ代がかかるといって食事の残り物を犬に与えるのはやめたほうがよさそうです。

犬に必要な栄養素

犬に不必要な栄養素

汗をほとんどかかないといっても、やはり犬にも水は必要です。いつでも新鮮な水が飲めるよう、ときどき水入れの水を替えてあげましょう。健康な犬は、水を飲みすぎるということはありません。水を飲む量が急激に増えた場合、糖尿病を疑いましょう。

コラム

おいしそうに牛乳を飲むくせにそのたびに下痢をする

量を控えるか、やらないように

愛犬におやつとして、また栄養補給のため、牛乳を与えている人がいます。大喜びで飲みますし、大量のカルシウムを必要とする犬にとっては最適の飲み物のように思えます。しかし、牛乳を飲ませるたびにウンチがやわらかくなったり、下痢をするので困ると感じている飼い主もいるようです。

哺乳類は、その名のとおり母親のお乳を飲んである程度まで成長します。しかし、自然界では成長後にお乳を飲む習慣はありません。そのため、お乳に含まれている乳糖という成分を分解する酵素（ラクターゼ）は成長とともに失われていきます。

胃で分解されないままの乳糖が腸へ送られると、それを薄めようとして腸内の水分が急激に増加します。これが、牛乳を飲ませるとウンチがやわらかくなったり下痢をしてしまうメカニズムです。専門用語で「乳糖不耐性による浸透圧性下痢」といいます。

牛乳を飲んでもまったく体調が変わらない犬もいますし、逆にほんの少し飲ませただけでひどい下痢をしてしまう犬もいます。この違いは、体内に残っているラクターゼの量によるものです。もし、体調に変化がないなら牛乳を飲ませてやってもいいでしょうが、下痢をするようなら量を控えるか与えるのをやめましょう。

体重5キロの小型犬の場合、100ミリリットル以上牛乳を飲ませると下痢をするのが一般的ですので、いくらおいしそうに飲んで、おかわりをせがんでも、それ以上は与えないことです。

また、犬に牛乳を飲ませる場合、カロリー計算をすることをお忘れなく。牛乳は100グラムあたりおよそ65キロカロリーありますから、おやつとして与えたときにはそのぶんエサを減らすように。これを守らないと、あっという間に犬は肥満しはじめます。

牛乳を飲ませるとウンチがやわらかくなるメカニズム

腸内の成分が、乳糖を薄めようとして水分を出す
乳糖が胃で分解されない
腸
胃
ペロ
ペロ
ペロ
MILK
乳糖
下痢
牛乳を飲ませて下痢をするなら量を控えるか、与えるのをやめよう

犬の肥満とは、犬種別の平均体重から15%以上体重が増えた場合を指します。また、犬の体に触れてみて背骨や肋骨のゴツゴツした感じが指先に伝わらない場合にも肥満と考えていいでしょう。一般的に、オスよりメスのほうが肥満しやすいので注意しましょう。

コラム

なんでもおいしそうに食べるのは味オンチだから?

人間よりも鋭くない味覚

しっかりとしつけをしておかないと、ウンチやゴミなど、犬は人間が考えられないようなものまでパクパク食べてしまいます。しかも味わっている様子もあまりなく、数回かんだだけでゴクンと丸飲み。いったい犬の味覚はどうなっているのでしょうか。

味を感じるのは舌の上にある味蕾《みらい》という組織。私たち人間には、この味蕾が一万個ほどありますが、犬の味蕾は二千個ほどしかないといわれています。つまり、犬は人間の五分の一程度の味しかわからないのです。さらに、犬は野生時代に空腹状態が長く続いたことから、味よりも食べられることを重視する生活スタイルを引きずっているため、ほとんどのものをおいしそうに食べてしまうのです。

だからといってまったく味覚がないというわけではありません。人間は、甘い、辛い、しょっぱい、すっぱい、苦い、うまいという六つの味を楽しめますが、犬もうまい以外の五つの味を感じることができるとされています。とくに好きなのは甘い味で、お菓子や砂糖などを喜んで食べます。これは、犬がもともと雑食性で野生の果物なども口にしていたためで、完全な肉食の猫は甘味を感じません。

人間ほど味覚が鋭くないにもかかわらず、食べ物をひどくえり好みする犬がいます。たとえばA社のペットフードは食べるがB社のものは絶対に口にしないなどです。これは、B社のペットフードが口にあわないというよりも、それを食べた直後に吐き気がしたり、体調が悪くなったりという経験をしたから。ペットフードが直接の原因でなかったとしても、犬は「あれを食べたからだ」と思い込む傾向が強いのです。

また、幼いころから特定のペットフードや生肉ばかり食べさせていると好みが固定され、他のものを食べなくなってしまいますので注意してください。

好きな肉の順番
大好き
牛肉
豚肉
羊肉
鶏肉
馬肉

甘いもの
大好き
もともと雑食で、
野生の果物なども
口にしていた犬は、
甘い味が大好き

コラム

アメリカでの実験によると、犬がもっとも好きな肉は牛肉で、それに豚肉、羊肉、鶏肉、馬肉の順で続いたそうです。味オンチといいながら、いちばん高い牛肉が好きとはすごいですね。しかし、飼い主にとっては頭の痛い結果といえるかもしれません。

タマネギ以外にもある、犬が食べてはいけないもの

タマネギを食べると犬が中毒を起こすことは比較的よく知られていますが、他にも犬に与えると命をおびやかす食べ物があります。

たとえば、キシリトールという甘味料がありますが、犬が摂取すると急激に血糖値が低下し、命を失う危険があります。研究によると、体重10キロの犬の場合、わずか1グラムの摂取で治療が必要になるそうなので、おもしろ半分にキシリトール入りのガムなどを与えないようにしてください。

チョコレートも犬にとっては有害です。犬はカカオに含まれているテオブロミンという成分を分解・代謝することができません。ひどい場合には麻痺などの発作を起こします。すぐに発作が出なくても、テオブロミンは犬の体に蓄積されていくので、絶対にチョコレートは食べさせないでください。

意外かもしれませんが、骨も犬にとって有害な食べ物です。とくに危険なのが加熱した鶏の骨。かみ割ると鋭い断面が生まれ、口のなかや消化器に突き刺さり、ときには命を失うことも。鶏の骨ほどではないものの、牛、豚の骨も加熱すると鋭く割れることがあります。

それならば生で与えればいいと思うかもしれませんが、生の骨、とくに豚の骨には寄生虫が潜んでいる可能性がありますので注意してください。

チョコレートや鶏の骨に注意

最後に、タマネギに対する誤った知識をただしておきましょう。「タマネギが犬にとっていけないことはわかっているが、加熱すれば大丈夫」と考えている飼い主が多いようです。しかし、それは大間違い。タマネギに含まれる酵素は、調理程度の熱では分解されません。そのため、たとえばカレーやハンバーグの残りなどを犬のエサとして与えると、貧血や嘔吐、下痢などの症状が出ることがあります。

犬にとって危険な食べ物

食べちゃダメ！
タマネギ
タマネギに含まれる酵素が貧血や嘔吐、下痢などを引き起こす
キシリトール
摂取すると急激に血糖値が低下し、命を失う危険も
チョコレート
カカオに含まれるテオブロミンという成分を分解・代謝できない
骨
口のなかや消化器に突き刺さり、ときには命を失うことも

コラム

キシリトールが入っていなくても、ガムは犬にとって危険な食べ物です。それは、食道閉塞を起こして獣医のところへ運ばれる犬の大半が、ガムを詰まらせていたという調査結果からも明らかです。道ばたに落ちているガムをひろい食いしないよう注意しましょう。

こんなものもやってはいけない？ 犬にとって危険な意外な食品

生卵や生魚はやらないように

虫食いがあるから人間にとっても毒ではないだろうとキノコを持ち帰り、料理して食べたところ中毒症状を起こした――以前こんな事故がありました。これと同じように、人間にとってはごちそうなのに、犬の体に悪い食品というのはまだまだたくさんあります。いくつか紹介しておきましょう。

●**生卵**……卵白に含まれるアビジンという物質が食欲不振や脱毛、皮膚炎などを起こします。ただし、加熱して目玉焼きやゆで卵にすれば問題ありません。

●**生魚**……猫が食べられるのだから犬も大丈夫だろうと思ったら大間違いです。魚の内臓にはビタミンB1を破壊する酵素が含まれています。犬が食べると元気がなくなったり脚気《かっけ》を起こすことも。ただし、加熱すれば問題ありません。

●**レバー**……ときどきなら問題ありませんが、頻繁《ひんぱん》に与えているとビタミンA中毒になり、毛が抜けたり関節の痛みを起こします。

●**コーラやコーヒーなどカフェインが含まれているもの**……砂糖の甘さで犬はごくごく飲んでしまいますが、カフェインは下痢や嘔吐、けいれんなどを引き起こし、最悪の場合は命を失います。実際にそのような例がありますのでくれぐれも注意を。

●**ブドウ、干しブドウ**……原因物質はわかっていませんが、嘔吐や急性腎不全を起こした例があります。

●**マカデミアナッツ**……これも原因物質がわかっていませんが、中毒症状を起こした例があります。

●**アボカド**……ペルジンという物質が犬にとっては有害です。胃腸にダメージを与え、嘔吐や下痢、場合によっては命を失うこともあります。

●**ニンニク**……愛犬の元気がないときにニンニクを与えてパワーアップ！などとは考えないでください。パスタなどニンニクを使った料理も与えないこと。

犬にやってはいけない危ない食べ物

生卵

加熱すれば
OK！

▶食欲不振、脱毛、皮膚炎などを起こす

生魚

加熱すれば
OK！

▶元気がなくなったり、脚気を起こす

レバー

▶毛が抜けたり、脚気を起こす

カフェイン

コーラ・
コーヒー
など

▶下痢や嘔吐、けいれんなどを引き起こす

ブドウ

干し
ブドウも
NG

▶嘔吐や急性腎不全を起こす

マカデミアナッツ

▶中毒症状を起こす

アボカド

▶嘔吐や下痢、場合によっては命を失う

ニンニク

▶中毒症状を起こす

コラム

夏は食品の傷みが早く、ドッグフード（ソフトタイプ）の残りを冷蔵庫で保管しているという飼い主も多いようですが、冷蔵庫から出したばかりの冷たいままの状態で与えるとお腹をこわすことがあります。電子レンジなどで常温に戻してから与えましょう。

エサの量はどうやって決めればいいのか

運動や体重によって判断する

はじめて犬を飼いはじめた人が戸惑うことがあります。それは、どのくらいエサをやればいいのかということです。

自分を基準にして「食べられるだけ」と考えると、食べられるだけ食べるという習性を持っているため大変なことになりますし、少なすぎると「もっとほしい」と、一日中でもうるさく吠えています。

犬も人間と同じように、年齢や性別によって適切な食事の摂取量が違います。また、運動量や犬種によっても変わってきますが、一日に必要なカロリー数の基本は次のとおりです。

体重5キロ前後……350キロカロリー
体重10キロ前後……600キロカロリー

これ以降は、体重5キロに対し200キロカロリーずつ増やしていきます。つまり、体重が20キロ前後の犬の場合は1000キロカロリー、30キロ前後の場合は1400キロカロリーといった具合です。

ただし、これは運動量が一般的なとき。一日に二回しっかり散歩をして、さらに三十分〜一時間は飼い主が遊んでやる場合です。

散歩の量が少なかったり、遊びをしないなら、上記の85%（体重10キロ前後の犬の場合、600×0・85＝510キロカロリー）に減らします。

逆に、フリスビー犬など運動量が多い場合には、上記の150%（体重10キロ前後の犬の場合、600×1・5＝900キロカロリー）まで増やしても問題ありません。

しかし、これもあくまでも目安です。できれば毎日、愛犬の体重をはかり、減るようならエサの量を増やしてやり、肥満気味なら心を鬼にして減らします。

ちなみに、しつけのときに与えるおやつも一日のカロリーに含まれることをお忘れなく。

1日に必要なカロリー数の基本

犬の体重		必要なカロリー
5kg前後		350kcal
10kg前後		600kcal
20kg前後		1000kcal
30kg前後		1400kcal

コラム

以前は、成犬へのエサやりは1日1回でいいといわれていましたが、エサの回数が少ないと胃腸の負担が大きくなるため、最近は2回に分けて与えるのが一般的です。7～8歳を過ぎ、運動量が減ってきたら1日3回に分けてもいいでしょう。

犬はキャットフードが大好物、でも与えないこと

ドッグフードを食べなくなる

　ドッグフードもキャットフードも私たちの目から見ると同じようなものでしょう。セールでキャットフードが安く売られていたら「これでもいいか」と思いがちですが、ドッグフードとキャットフードは異なるものです。なぜなら、犬と猫では食べるものがまったく違うからです。

　犬は雑食で、果物、穀物、野菜など、肉以外の食物も口にしますし、消化・吸収できます。それに対し猫は完全な肉食動物で、肉や魚など動物性タンパク質しか必要としていません。キャットフードはドッグフードと比べて脂肪やタンパク質などが大量に配合されています。当然、重量あたりのカロリーも高めですから、これを犬が食べ続けると、栄養過多であっというまに肥満してしまいます。

　もうひとつの問題が味です。犬の舌には味を感じる味蕾《みらい》が人間の五分の一ほど——二千個程度しか存在しません。つまり、人間と比べるとかなりの味オンチというわけ。

　しかし、猫はそれよりもさらに少ない五百~千個程度の味蕾しか持っていません。しかも、猫が感じる味は「塩味」「酸味」「苦味」の三種類だけ。完全肉食の猫にとって「甘味」は不要だったので、退化してしまったのです。

　味オンチの猫においしく食べてもらうため、キャットフードには肉汁や魚のエキスが多く含まれています。なかには一粒一粒のフードにエキスをコーティングしているという手の込んだものもあります。つまり、キャットフードは味付け（塩味は除く）が濃く、犬にとってはごちそうに感じるのです。

　キャットフードを犬に与えると、ふだん食べているエサよりおいしく感じるため、薄味でカロリーの低いドッグフードを食べなくなってしまいます。

ダメ
おいしそう
少しちょうだい
キャットフードは脂肪やタンパク質が大量に配合されているので、犬にとっては栄養過多。あっというまに肥満してしまう

コラム

キャットフードを犬に与えても、深刻な健康被害は起きませんが、ドッグフードを猫に与え続けると視力が低下し、やがて失明してしまいます。これは、猫の網膜細胞に必要不可欠なタウリンというアミノ酸がドッグフードには十分に含まれていないためです。

口臭が気になったら歯周病をチェック。とくに小型犬は要注意

歯周病は致命傷となることも

愛犬に顔をペロリとやられたときに、なんともいえないいやなにおいがすることがあります。もし心当たりがあるなら、犬が歯周病を患っている可能性ありです。ある調査によると、五歳を過ぎると歯周病の割合が急激に上昇し、対処をしないと十歳までにほぼすべての犬が歯周病にかかるとされています。

ちなみに、歯周病と虫歯は異なります。うらやましいことに、犬が虫歯になることはめったにありません。犬がかかるのは歯槽膿漏《しそうのうろう》や口内炎です。

興味深いのは、犬の大きさによって歯周病の進行スピードが異なる点です。一般的に大型犬よりも小型犬のほうが早く悪化します。

これは、大型犬でも小型犬でも歯の本数が同じ四十二本なので起こること。小型犬の場合、大型犬と比べてあごの骨が小さいため歯が密集して生え、歯と歯の間に食べ物のカスなどがつまりやすくなります。歯を支えている骨が大型犬よりも薄く、ひとたび歯周病にかかるとすぐに骨が溶けはじめるなど、病状が悪化しやすいのです。

犬にとって歯は人間以上に大切です。歯周病が悪化して歯が抜け落ちると、急激に元気を失いますし、歯垢や歯周病から出る膿は腎炎や骨髄炎などを引き起こします。

愛犬に元気で長生きしてもらいたかったら、エサだけではなく、歯にも注意を払うようにしてください。具体的には歯みがきの習慣をつけることです。

以前は、犬には虫歯ができないから歯みがきは必要ないという専門家もいましたが、犬の寿命が延びた現在は事情が違います。できれば毎日、少なくとも三日に一度は歯みがきをしてやること。成犬になってから始めるといやがるので、子犬のころから歯みがきの習慣をつけておきましょう。

3日に1回は歯みがきしよう

シャカ
シャカ
小型犬は歯が小さく密集して生えているので、食べ物のカスがつまりやすい

コラム

歯周病の原因になる歯垢(しこう)は食後すぐに増殖しはじめます。愛犬の歯みがきも食後30分以内にするのが理想です。また、ソフトタイプのドッグフードばかり食べさせていると歯石がつきやすくなるので、ドライタイプのドッグフードと併用しましょう。

犬に悲しいという感情はない。では涙を流すのはどうして?

涙の色や目ヤニに気をつける

愛犬が涙を流して泣くのを見て、「やっぱり悲しいことがあるんだ」と考える飼い主がいます。しかし、残念ながら犬に悲しいという感情はありません。

私たちは目にゴミやホコリが入ると手や指でぬぐいますが、犬の前脚はそれほど自由に動かせないため、一時的に涙腺がゆるんで大量に涙を分泌し異物を洗い流しているだけです。

昔から「色っぽさ」の代名詞として使われる「目病《めや》み女」という言葉があります。目を病んでいる女性は涙が多く分泌されて目が潤《うる》むため、色っぽく見えるという意味なのですが、これは犬にもあてはまります。

愛犬の目が潤んでいるのを見ると「なんてかわいいのかしら」と抱きしめたくなりますが、これは健康状態の黄色信号です。このまま放置しておくと、まぶたや目の下に炎症や湿疹ができたり、涙にふくまれる成分が目から鼻にかけての部分の毛を赤茶色に染める、いわゆる「涙やけ」がひどくなり、せっかくのかわいい顔が台なしになってしまいます。

このように涙が大量に分泌される場合、角膜炎や結膜炎、または流涙症《りゅうるいしょう》を疑うべきです。流涙症とは鼻へ通じている涙小管という細い管が炎症でつまり、涙が目からあふれだしてしまう病気です。

とくにパグやチワワ、ブルドッグなどの短吻種《たんふん》(顔が平面な犬種)は、涙小管が複雑に曲がっていてつまりやすいのです。

しかも飛び出している目を保護するために涙の分泌量が多く、流涙症にかかりやすいとされていますので、他の犬種より注意してやる必要があります。

涙の色がにごっていたり、黄色いウミのような粘性の目やにが見えたら赤信号です。伝染性肝炎やジステンパーなど、命にかかわる病気の可能性もあるので一刻も早く獣医に相談してください。

悲しいわけではありません
犬に悲しいという感情はない。目にゴミが入っただけ

涙やけは、専用のローションなどで拭いてやるときれいになりますが、根本的な解決にはなりません。愛犬の涙やけがひどくて悩んでいる人は、ドッグフードを変えてみるといいでしょう。1カ月ほどで涙やけが消えることもあります。

コラム

ほめても犬が喜ばないのは意味がわかっていないから

笑顔でほめることが大切

犬をしつけるときに大切なのが正しくほめることと叱ることです。あたりまえのようですが、これができる飼い主はとても少ないのが現状です。

たとえば、いくらほめても犬が喜ばず、頭をなでようとするとおびえて震えるケースがあります。飼い主は「なんてひねくれた犬かしら」と考えるかもしれませんが、そうさせたのはあなた自身です。正しくほめなかったために、ほめられているのか怒られているのか、わからなくなってしまったのです。

ほめるときにもっとも大切なのは、笑顔です。犬は飼い主の表情をとてもよく見ていますから、「よし、よくやったぞ」とほめてやっても、つまらなそうな顔をしていると、「あれ、うまくできなかったのかな」と思ってしまいます。犬にそんな勘違いをさせないため、正しくできたときには必ず笑顔を見せてあげます。

もちろん、声をかけてやることも大切です。そのときに気をつけたいのが、できるだけ同じ言葉でほめること。昨日は「よくやった」で、今日は「でかした」では、犬は意味が理解できません。とくに家族が多い場合には、ほめるときにどの言葉を使うのか決めておくといいでしょう。そして、言葉でほめるのと同時に体をなでてやります。

なでるときは基本的に頭からしっぽに向かって手のひらで。お腹や耳など触れられるのをいやがる場所をなでると、ほめたことにはならないので注意してください。

そして、最終兵器はおやつです。動物にとってこれは最大の賛辞です。ただし、おやつをやるのは、ほめたりなでたりしたあとです。先におやつを与えてしまうと、「うっとうしいな。触らないでくれよ!」という反応をする犬もいますからこの順番は必ず守ってください。

偉い
いつも同じ
言葉でほめる
笑顔で
ほめる
体をなでて
ほめる

やめて
お腹や耳など、いやがる場
所をなでながらほめても、
ほめたことにならない

コラム

ホームセンターなどへ行くと、さまざまなおやつが販売されていて目移りしてしまいますが、愛犬の健康を考えるなら、できるだけ低カロリーのおやつを選ぶように。ペット用の野菜スティック（自分で野菜をゆでても可）などがおすすめです。

無理に力でしつけると激しく反発する

「ダメ！」「コラ！」などの短い言葉で

ほめるより難しいのが叱り方です。上手に叱らないと犬は反発して、ますます問題行動を悪化させますし、ときには飼い主を攻撃することも。しかし、これも飼い主に原因があります。ダメにしてしまうかどうかは、叱り方次第です。

まず最初に思い出してほしいのが、犬には人間の言葉がわからないということ。「いけません」といきなり言われても、その言葉がどういう意味か知らなければ、叱られているのかほめられているのかわかりませんね。それなのに私たちは「ウチの犬はちっとも反省しない」などと文句を言います。

ほめるときと同様、叱るときの言葉も決めておきましょう。「いけません」「やめなさい」という長い言葉を「ダメ！」「コラ！」という、はっきり発音できて短い言葉にすると覚えが早くなります。

たとえば「ダメ！」に決めたとしましょう。やってはいけないことをしたときにはすぐに犬の目を見ながら「ダメ！」と叱り、それと同時に犬がいやがる経験をさせます。

いやがるといっても暴力はいけません。たとえば大きな音を立てたり、水鉄砲で水をかけます。

ただし、これをやるのは「ダメ！」と叱る人とは別な人で、姿を見られないように。犬に「ダメ！」という言葉とともにいやなことが起こる（罰がくだされる）と学習させるのです。これをしばらく続けると「ダメ！」と言っただけで、そのときの行動をやめるようになります。

犬が今の行動について怒られたと本当に理解したかどうかは、姿勢を見ればわかります。「いけません」と言うと犬のほうから視線を外したり体の動きを止めます。また、伏せやあくびをしたら理解している証拠です。

ダメ！
いつも同じ
言葉で叱る
叱ると同時に
犬がいやがる
経験をさせる
ドン

コラム

犬が悪さをすると、散歩に連れて行かない、エサを与えないという罰を与える飼い主がいます。しかし、犬はなぜ散歩に連れて行ってもらえないのか、なぜエサをもらえないのか理解できません。こんな罰はしつけではなく、虐待にあたりますのでやめましょう。

断尾すると犬の気持ちが見えなくなることがあるので注意

バランスを失ったり病気にもなりやすい

断尾《だんび》とは、特定の種類の犬の尾を切断して外観上の美しさを際だたせる手術のことです。もともとは闘犬が闘いの相手にしっぽをかまれないようにということで始まったといわれています。生後一週間以内に行なうのが普通で、この時期に断尾をすれば犬はあまり痛みを感じずにすむというのが定説です。しかし、実際にはかなりの痛みを伴うようです。

断尾は動物愛護の面から見ても行なうべきではないという意見が主流になりつつあり、すでにヨーロッパでは「動物虐待にあたる」として禁止されています。

断尾にはもうひとつ問題があります。それは、犬の気持ちがわかりにくくなることです。第1章で紹介したとおり、犬のしっぽは気持ちを表す大切な部位ですから、それを切断してしまうというのは、飼い主や他の犬との間で行なわれるコミュニケーション手段を失ってしまうことになります。

たとえば、断尾してしまうと、18ページで紹介した「しっぽを巻く」というしぐさができなくなります。そのため、断尾した犬が強い犬と遭遇したときに、「あなたに刃向かうつもりはありません」という気持ちを伝えられず、「コイツ、やる気か?」と勘違いされ攻撃を受けやすくなります。

また、しっぽには体のバランスをとったり、鼻を覆って冷気を直接体内に取り入れないという働きもあるため、本来長い尾を持つ犬種を断尾した場合は、バランス感覚が失われて転落などの事故にあったり、冷気を吸い込んで呼吸器系の病気を引き起こす確率が高くなるともいわれています。

ちなみに、断尾と似た施術に断耳《だんじ》があります。これは、たれた部分を切り取って耳をピンと立たせる手術。この断耳もヨーロッパでは動物虐待として禁止されている傾向にあります。

コイツ
やる気か?
降参です
断尾してしまうと
しっぽで気持ちを
表せなくなる

コラム

犬の場合、断尾は体型のつりあいを保つために行なわれたので、切断される長さは品種によって異なっていました。たとえば、テリアは先端の3分の1程度ですが、ボクサーやドーベルマンは根本から切断されることが多かったようです。

くわえているものを奪い取ると、なんでも食べてしまう異食症に

──かみつきグセの犬は要注意

犬がウンチを食べても、異常や病気とまでは言い切れないことはすでに説明しました。しかし、目の前にあるものを手当たり次第に食べてしまう犬もいます。たとえば、靴下、スーパーボール、昆虫、球根、医薬品などです。

このように、食料として適さないものを食べてしまうことを異食症と呼びます。なかには有害なものもありますから、食べたとわかったら、とにかく吐き出させることです。

「牛乳を飲ませるといい」と書いた飼育書もありますが、防虫剤を飲み込んだときに牛乳を飲ませると、かえって有毒成分の吸収が早くなってしまうので、食べたものがはっきりしているとき以外は獣医に相談したほうがいいでしょう。靴下やスーパーボールなど、大きなものや取り出しにくいものを食べると開腹手術をしなければならないこともありますし、命の危険もあるので注意してください。

異食症になる犬には、ある一定の傾向が見られます。まずは、かみつくのが好きなこと。子犬はなんにでもかみつこうとしますが、異食症の傾向がある犬は、それ以上にひどいかみつきグセを見せます。

また、かみついたものを離さない傾向も見られます。つねに口に何かくわえたままウロウロしていたら要注意です。

ただし、くわえているものを無理に奪い取ろうとすると、「奪われるくらいなら飲み込んでしまえ！」と考え、それがきっかけで異食が始まることがあります。

異食症は遺伝するとされています。親兄弟に異食の傾向がある場合には、とくに奪い取りをしないように心がけてください。また、異食症はストレスが引き金になることもありますから、他の犬よりも愛情を注いで育てる必要があります。

返せよ
ヤダ!
飲むぞ
無理に奪い取ろうとすると飲み込んでしまうことがあるので、奪い取りはしないように心がける

コラム

それまで普通の食生活を送っていたのに、突然、異食症の傾向を見せはじめたというときには、寄生虫も疑ってみましょう。サナダムシや回虫などが寄生していると消化障害を起こし、ふだんは絶対に食べないものを口にすることがあります。

突発性攻撃は予測がつかない危ない病気

前触れもなく発作的に怒り出す

犬が他の動物（人間を含む）を攻撃する主な理由は次の四つです。

①**なわばりを守るため**……自分のなわばりに侵入してきた動物を排除するため。

②**優位性を示すため**……自分より下位の者に行動を制約されたり、自分のほうが上位にあることを示すときに起こる。飼い主が攻撃を受ける場合は、犬に「召使い」と思われています。

③**かまってもらいたいため**……厳密には攻撃といえませんが、かめば相手にしてもらえると思い込んでいる場合に起きます。

④**恐怖のため**……窮鼠《きゅうそ》猫をかむというパターンです。追いつめられて起きます。

こうした攻撃は、しつけや飼い方の是正によって抑えることができますが、突発性攻撃は予測がまったくつかず、しかも今のところ有効な対策がありません。

突発性攻撃は「スプリンガーの突発性激怒症候群」という病気によります。スプリンガースパニエルという犬種で最初に発見されたためにこの病名がついていますが、レトリバーやテリアなどでも発症した例があるので、他の犬種でも安心はできません。

なんの前触れもなく発作的に怒り出し、手当たりしだいに攻撃をしかけます。しかも、このときの攻撃には手加減がまったくないので、犬の場合は命にかかわるケガを、人間でも重傷になることがあります。

しかしこのとき、当の犬自身にはまったく意識がありません。発作がおさまるとしばらくボンヤリして、やがてふだんの状態に戻ります。

脳の疾患によって起きるのではないかという説もあります。愛犬にこんな症状が見られたら、早く獣医に相談してください。

犬が攻撃してきた理由は？

なわばりを守るため → No

優位性を示すため → No

かまってもらいたいため → No

恐怖のため → No

スプリンガーの突発性激怒症候群

コラム

スプリンガースパニエルは、鳥猟犬の代表的犬種。足の速さと持久力を持ち、隠れ家から獲物を追い立てるのが得意なイングリッシュ・スプリンガースパニエルと、忍耐力があり、酷暑、酷寒にも耐えられるウェルシュ・スプリンガースパニエルが有名です。

おどおどした態度の犬は、人間に恐怖症を抱えていることも

―犬に自信をつけるのが大切

保護施設などから犬を引き取ると、おどおどした態度がいつまでも抜けないケースがあります。生まれ持った性格が臆病ということも考えられますが、飼い主との別れや迷子になった不安体験、そして捕獲された恐怖体験などから、そんな性格が形成された可能性もあるでしょう。

こんな症状を人間の場合「恐怖症」と呼びます。特定の対象――たとえば、クモや犬などを見ると一歩も動けなくなるなど、日常生活に支障を来たすほどの恐怖を感じる心理です。おどおどした犬は、人間に対する恐怖症を抱えているのではないでしょうか。

恐怖症を克服するためには、その恐怖対象に徐々に慣れていくことです。つまり、人間を恐れる犬は、人間に少しずつ慣らしていけばいいわけです。

いちばん大切なのは、犬のいやがることを絶対にやらないこと。たとえば、犬の目を見ながら近づいたり、マウンティングのように上から覆いかぶさるようなポーズをとらない、耳やしっぽなどを引っ張らない、お腹に触れないなどです。さらに、犬の前で手を上げたり道具を持ち上げるのも禁物です。犬によってはそのポーズから、殴られると連想するからです。

犬に近づくときは、犬が警戒心を持たないようにカーブを描きながら。背中を向けながら近づけばベストですが、間違って犬の脚などを踏まないように。おびえている犬は捨て身の反撃に出る可能性がありますから、注意してください。

飼い主を近づけるようになったら、号令に従うことを教えましょう。

そのときに大切なのが、できなかったときに叱らないこと。ほめながら教え、犬に自信をつけさせるのです。

恐怖症の犬にやってはいけないこと

上から
覆いかぶさる
目を見ながら
近づく
ヒヒヒ
お腹に触れる
耳やしっぽを
引っ張る

コラム

犬をしつけるときにタブーなのが、他の犬と比べること。言葉などわかるわけはないと思い、「○○さんの犬はできるのに、なぜウチの子はできないのかしら」などとつぶやいていると、犬は飼い主のイライラした気持ちを敏感に察知して萎縮してしまいます。

犬と車で旅をしたいときは毎日少しずつ慣らすこと

車の揺れやトイレに気を配る

「ペットと一緒に泊まれます」という宿泊施設が急増しています。今まではペットホテルで留守番という選択肢しかなかった愛犬家にとってはうれしい時代になりました。車で愛犬と一緒に旅行したいと考えている人も多いのではないでしょうか。

しかし、犬にとって車というのは、まったく想定したことのない空間です。車の流れのなかで、あちこちから騒音が聞こえてきます。こんな空間にいきなり放り込まれたら、ほとんどの犬はおびえてしまいます。

犬を車好きにするためには、とにかく慣らすこと。まずは家の近所をぐるりと回るところから始めましょう。大きな車とすれ違うと犬は恐怖を感じますから、交通量が少ない深夜や早朝がいいでしょう。こうして徐々に時間と距離を伸ばしていきます。

ふだんは分離不安がない犬でも、車という慣れない空間に独りぼっちで置かれると強い不安を感じますから、最初のうちは出発から帰宅までつねに一緒に。少し慣れてきたら、コンビニなどへ寄って短時間で車へ戻るようにしましょう。立派に留守番ができたら、ごほうびを与えてほめてやりましょう。

人間は車に乗っていると「次は右カーブだから、体が左に傾くな」と無意識のうちに体を踏ん張りますが、犬にそれはできません。ちょっとしたカーブでもバランスを崩しやすいので、犬を乗せているときにはふだん以上にスピードを控えましょう。

長時間のドライブに耐えられるようになっても、準備をおこたってはいけません。乗車中にトイレへ行きたくならないよう、エサも水も出発の一時間前までにやり終えておくこと。ふだんは車内でおとなしくしている犬が、そわそわとあちこちのにおいをかぎはじめたら、トイレのサインです。できるだけ早く安全な場所に止まって、外へ出してやりましょう。

車に少し慣れてきたら、短時間車内で留守番させてみよう

コラム

車に慣れた犬は窓から顔を出したがります。しかし、犬は車のスピードを理解できませんから、ヒートしているメス犬がたまたま目に入ったら、ためらうことなく窓から飛び出します。こんな事故を起こさないため、犬を乗せているときは窓を絶対に開けないことです。

靴やスリッパが大好きなのはかみ心地がいいから

お客様の靴は必ず下駄箱に

お客様が帰ることになり、ふと玄関を見ると、靴が一足なくなっているではありませんか！　犯人は探すまでもありません。そう、愛犬です。一家総出で靴を探しても、どこへ隠したのかまったく見当がつかず、結局、お客様にはサンダルでお帰りいただくようになったり……。

困ったものですが、犬はこのようなイタズラが大好き。ではなぜ、靴を隠してしまうのでしょうか。

その理由は、どうやら素材にあるようです。靴は革やゴムなどから作られていますが、その固さが犬にとっては素晴らしいかみ心地に感じるようです。

そういわれてみると、犬のオモチャの多くはゴムのような素材で作られていますね。靴の革や靴底のゴムはそれよりかなり固い仕上げですが、かみつけないことはありません。とくに、ヤンチャざかりの子犬は好奇心が重なって、なんにでもかみつこうとしますから、犬歯がブスッと突き刺さる靴が大好きなのです。

大好きなもの、大切なものはどこかへ大切に隠して、あとでゆっくり楽しむというのが本能。私たちにはイタズラに見えますが、犬はその本能に従っているだけで、まったく悪気はありません。

厳しいしつけによって家人の靴にはイタズラをしなくなった犬でも、ふだんかいだことのないにおいが漂ってくるお客様の靴の魅力には抵抗できません。最初は恐る恐る近づいていても、ひとたびガブリとやってしまったら興奮してあと戻りできなくなり、誰にもわからない秘密の場所へ隠してしまうのです。

「どこへやったの！」と厳しく問いつめても、犬にはその意味がわかりませんから、隠し場所に案内してくれる可能性はありません。

お客様がいらしたら、靴は必ず下駄箱などにしまっておくことです。

犬はかみ心地の良い靴が大好き。本能に従って魅力的な靴を隠しているだけで悪気はない

コラム

犬が靴を履いているのを見て「過保護だ」と眉をしかめる人もいますが、犬の肉球は意外と傷つきやすいもの。ドイツのデュッセルドルフでは、大切な警察犬が脚にケガをしないようにと、靴を履いて捜査をさせているそうです。

夏の散歩は過酷な運動

暑さは苦手。夏バテの兆候が見えたら早めに対処してやろう

犬は暑さが大の苦手です。私たちは「動物は人間より体が丈夫」と考えがちですが、夏だけはこれにあてはまりません。肉球ぐらいにしか汗腺がない犬は、体内にたまった熱をうまく発散できません。人間よりはるかに熱中症になりやすく、内臓などに深刻なダメージを受けることがあります。そのため、夏の健康管理は重要です。

犬が熱中症にかかったかどうかは、散歩のときの様子で、ある程度わかります。歩くスピードがいつもより遅いと感じたり、途中で何度も立ち止まるようになったら、熱中症の前兆と考えてください。室内飼いをしている場合には、散歩に出たがらなくなります。

こんなときは、水分をたっぷりとらせて朝晩の涼しい時間に散歩へ行くようにしてください。それでも散歩に行き渋るようなら、数日間は散歩を中断してみましょう。

数日たっても散歩へ行きたがらず、寝ている時間が多くなったり、エサを半分以上残すようなら夏バテです。獣医に診てもらいましょう。

エサを食べる量がさらに減ったり、ほとんど口をつけなくなったら、重度の夏バテ。名前を呼んでも振り向かない、下痢や嘔吐がある場合は早く獣医に連れて行くことです。

ちなみに、夏の散歩は犬にとって過酷な運動です。夏の直射日光は路面を50℃以上に熱し、そこからさらに輻射熱《ふくしゃねつ》が発生するため、路面のすぐ近くに体がある犬の体温は急激に上昇します。体温を下げようと舌を出して荒い呼吸をしても、路面近くの温度が高くてうまくいきません。とくに、小型犬は喉の渇きを感じにくく、体内の水分が不足して体調を崩すことが多いのです。日課だからといって無理に散歩に連れ出すのは考えものです。

熱中症

散歩のスピードが遅くなったり、立ち止まったりする

夏バテ

散歩へ行きたがらず、寝ている時間が多くなったりエサを半分以上残す

重度の夏バテ

名前を呼んでも振り向かない。下痢や嘔吐がある

コラム

犬の平均的な体温は38℃前後。動物は体温が42℃以上になると体の組織が変異して死亡するため、犬の場合、わずか4℃体温が上昇しただけで命の危機を迎えるようになります。犬が快適に過ごせるのは気温24℃前後、湿度50%前後の環境です。

「犬に服を着せると喜ぶ」というのはほんとうか？

犬に服を着せる人がけっこういるようです。晴れ着やフォーマルドレスを売っている店もあるというのですから驚きです。

犬に服を着せるのは動物虐待にあたるのではという意見もありますが、それに対する反論が「ウチの犬は服を着せると喜ぶから虐待ではない」という飼い主の主張です。本当でしょうか。

色あざやかな着物やドレスを着せたところで、犬はその色を正確に判断することはできません。また、デザインの良し悪しも理解できません。では、なぜ犬は服を着ると喜ぶのでしょうか。

服を着ると、飼い主がほめてくれますね。さらに、注目もしてくれます。犬はそれがうれしくて喜ぶのであり、服を着せてもらったこと自体を喜んでいるのではありません。

とはいうものの、服を着せるメリットもいくつかあります。

体温低下や手術後などには必要

たとえばチワワなどの小型犬や老犬は寒さに弱いので、冬に散歩をさせるときに服を着せてやれば余分な体温を奪われずにすみます。大型犬や若い犬でも、雨の日にレインコートを着せてやれば体温低下を防いだり、散歩から帰ってきたあとで毛を乾かす手間を最小限に抑えられます。

また、最近はアレルギーを持つ犬が増えているので、花粉などが体につかないように服を着せているという飼い主もいます。手術やケガの手当てなどをしたときも、その部分をなめないように服を着せる場合があります。

ただし、夏の暑いときに服を着せるのは考えものでしょう。犬は発汗できません。ただでさえ暑さに弱いのに、そのうえ服を着せたらますます熱射病にかかりやすくなってしまいます。

わ～ カワイイ
へへん
服を着ると注目してもらえるのでうれしい

コラム

一般的に大型犬よりも小型犬のほうが寒さに弱いとされています。これは、小型の動物ほど体のなかでたくさんの熱を発生させなければ体温を保てないため。寒冷地に住む恒温動物の体が大きい（白クマやヘラジカなど）のはこのためです。

「犬かき」とはいうものの、すべての犬が泳げるわけではない

いやがったら無理強いしない

頭を上げて両手・両足で水をかく泳ぎ方を犬かきと呼びますね。犬の泳ぎ方に似ていることからついた名です。

しかし、すべての犬が犬かきができるわけではありません。水に入るのが苦手だったり、まったく泳げずにおぼれてしまう犬もいるので、いきなり川や海で泳がそうとするのは危険です。

本来、犬は泳ぎが得意です。とくに猟犬は水のなかに落ちた獲物も回収してくるように訓練されてきたため、得意な犬種が多いようです。しかし、幼いころから体を洗う以外、水に浸かった経験のない室内犬の場合、本来得意だった泳ぎを忘れてしまう場合も珍しくありません。さらに、体を洗ったときの経験がトラウマになり、水を恐れる犬もいます。

もし愛犬を泳ぎ好きにしたいなら、生後一カ月程度から、浅い湯船に入れて水（お湯）に慣らしましょう。幼い子供と同じように、オモチャなどを入れてそれと遊ばせるのも効果的です。

水を怖がらなくなっても、すぐ川や海へ連れて行くのは危険です。とくに海の場合、泳げる犬でも海水の塩辛さや波の大きさに驚いておぼれることがあります。こうして海や川で怖い思いをした犬は、二度と泳ごうとしなくなりますから、最初が肝心。海の場合なら、波打ち際で十分に遊んだあと、少しずつ水の中へ誘ってみましょう。もし、いやがったら絶対に無理強いしないように。無理強いすればするほど、犬は水を恐れるようになります。

上手に犬かきができたり水遊びが好きな犬でも、意外なほど水や海水を飲み込んでいます。水遊びをしたあとは十分に休ませてから移動しましょう。そうしないと下痢や嘔吐などをして、車内や室内を汚すようになります。

愛犬を泳ぎ好きにしたいなら、生後1カ月程度から水に慣らそう
気持ちいいかい？
楽しい〜

コラム

もし、フレンドリーなラブラドール・レトリバーが近くにいたら、指の間を観察してみてください。水かきがあるはずです。これは、ラブラドール・レトリバーが、川や池に落ちた水鳥を回収するために作られた犬種のためといわれています。

小型犬ほど長生きする――犬の寿命は体の大きさと反比例

十歳を過ぎたらガンが多発

現在の日本では、私たちは満二十歳で成人とされていますが、犬が成犬になるまでにかかるのはわずか一年です。犬の一年は人間の二十年に相当するというわけです。

「つまり、五歳の犬は人間でいえば百歳に相当するということ？」

こんな疑問を感じるのは当然です。じつは、犬の年齢の数え方は人間のそれとはかなり異なります。

最初の一年で大人になった犬は、二年目からは人間の五歳分ずつ歳をとります。前出の五歳の犬の年齢を人間に換算すると、

「20＋（5－1）×5＝40」歳

ということになり、人間でいえば中年期にあたります。

ところで、飼い主にとって愛犬の寿命は最大の関心事のはず。一般的に体の大きさと犬の寿命は反比例するとされています。たとえば、トイ・プードルやミニチュアダックスフントなどの小型犬は十五年前後、柴犬などの中型犬は十三年前後、そしてレトリバーなどの大型犬の寿命は十年前後といわれています。

しかし、最近はドッグフードの改良や室内飼いの増加、医療技術の進歩などで、二十歳近くまで長生きする犬も珍しくありません。

ただし、長寿になったことで、今まではあまり見られなかった病気にかかる犬が増えています。

たとえばガンは、十歳を過ぎると体の免疫力が衰えはじめるため罹患率が急激に高くなるとされています し、十五歳を過ぎた犬のなかには、人間のように認知症にかかる犬もいます。

また、足腰が弱くなり散歩できなくなる犬も多いため、外でしかトイレをしないというクセは早めになおしておいたほうがいいでしょう。

一般的な犬の寿命

犬　種	寿　命
小型犬 トイ・プードル、 ミニチュアダックスなど 	約15歳
中型犬 柴犬など 	約13歳
大型犬 レトリバーなど 	約10歳

平均寿命がもっとも長い犬種はシッパーキーといわれています。シッパーキーは牧羊犬を小型化し、船のなかでネズミをとっていた捕獲犬。キツネのような顔をして、警戒心と忠誠心が強いのが特徴です。ちなみに、その平均寿命はなんと20歳前後！

犬の老化は七歳ごろからじわじわと始まっていく

体重の増加になって表れる老化

一般的に犬の老化は七歳ごろ、人間に換算すると五十歳ごろから始まるとされています。

老化の兆候は、体重の増加というかたちで現れます。今までと同じ量のエサしか与えていないのに、少しずつぜい肉がつきはじめます。筋肉が落ちて運動量が減るのと同時に、基礎代謝が低下（消費カロリーが減少）するために起きる現象です。

だからといって急に食事の量を減らすと、散歩の際にひろい食いや異食をすることがあるため、エサを老犬用のドッグフードに切り替え、量はそのままでカロリーを減らすような工夫が必要です。

十歳を過ぎると、人に触れられることをいやがるようになる犬がいます。これは、関節炎を発症している証拠。体に触れられると関節に激しい痛みが走るので、なかには手を出すとかみつこうとする犬も。それまでおとなしかった犬が攻撃的な性格に激変して驚く飼い主が多いようですが、その裏にはこんな深刻な事情があります。「そっちがその気なら」と邪険にするのではなく、体に触れず愛情を注いであげましょう。

名前を呼んでも振り向いてくれず、近づくと驚いたように吠えるようになるのもこの時期です。これは、聴力が衰えているために起きます。飼い主の足音をキャッチできなくなり、突然現れたように感じるため、驚いて吠えるのです。

十五歳を過ぎてボンヤリしている時間が長くなったり、トイレを失敗する、何もない方向に向かって吠える、などの症状が出たときには認知症の可能性があります。

室内で飼われ、しかも一匹で留守番する機会が多い犬は認知症にかかりやすいとされていますので、歳をとればとるほど一緒に過ごす時間を増やしてやりましょう。

犬の老化

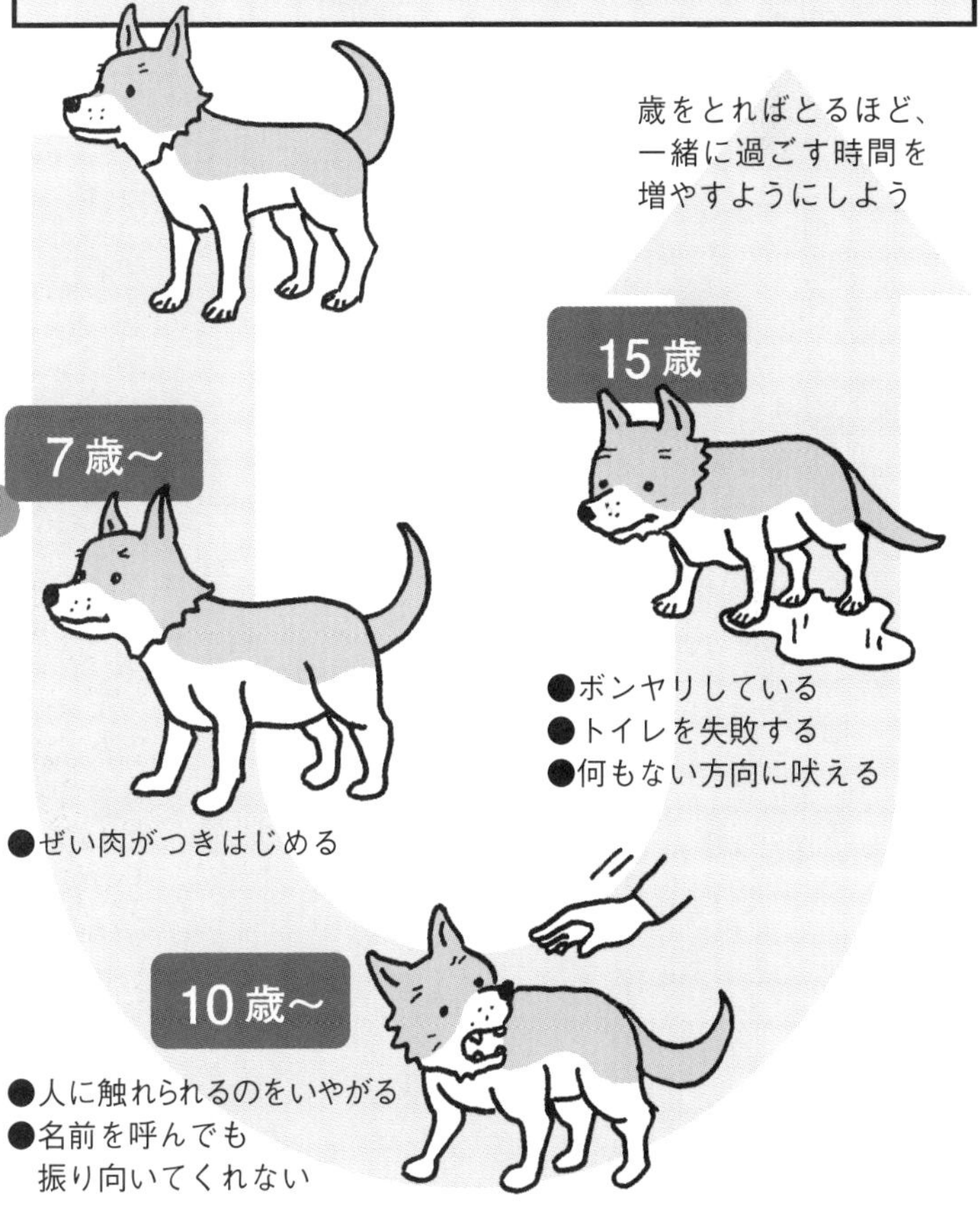
歳をとればとるほど、
一緒に過ごす時間を
増やすようにしよう
7歳～
●ぜい肉がつきはじめる
10歳～
●人に触れられるのをいやがる
●名前を呼んでも
振り向いてくれない
15歳
●ボンヤリしている
●トイレを失敗する
●何もない方向に吠える

コラム

認知症の予防には適度な運動をさせること。老犬は歩く速度が遅くなるため、散歩に時間がかかるようになります。急がせずに犬のペースで歩かせてやりましょう。ちなみに、もっとも長生きした犬は、オーストラリアの牧羊犬ブルーイーで29歳5カ月だったそうです。

狂犬病は現在も猛威をふるう恐ろしい伝染病。海外では犬にかまわないこと

――日本の犬ほど安全ではない

日本では過去のもののように思われている狂犬病ですが、世界的に見るとまだまだ身近な病気です。たとえば、インドでは年間一万九千人もの人が狂犬病を発症していますし、日本人の渡航者が多いフィリピンでも年間二百五十人ほどが発症。2006年11月には、現地の野犬にかまれた日本人が帰国後に発症して、死亡するという事件もありました。

つまり、日本で狂犬病が見られないのは奇跡に近いということ。かろうじて水際で防いでいるにすぎず、いつ日本に上陸してもおかしくない状況なのです。

犬の飼い主は、海外旅行をしていても犬に触れたがることが多いようですが、狂犬病に関していえば海外の犬は日本の犬ほど安全ではありません。

人間が狂犬病の犬にかまれると、次のような段階で症状が進行します。

前駆期……潜伏期間は四～六週間。なおりかけた傷口が痛み出し、体に麻痺が出はじめます。不安で憂鬱《ゆううつ》な気分が二日ほど続きます。

興奮期……理由もなくイライラして。音やにおいに敏感になります。同時に喉がつまった感じになり、呼吸・飲食ともに困難になります。激しく喉が渇きますが、水のことを考えただけで、物を飲み込むときに働く筋肉が激しくけいれんします。過去に狂犬病のことを狂水症と呼んでいたのは、この症状に由来しています。進行すると精神錯乱を起こすケースもあります。

昏睡期……興奮期が三～五日間続いたあと、激しいけいれん発作または脳神経と全身の筋肉が麻痺して心不全や呼吸不全で死亡します。

狂犬病の予防にはワクチンが有効ですが、発病後の薬は存在せず、死亡率はほぼ100％という恐ろしい病気だということを覚えておいてください。

第5章

オスとメスの行動学

オスとメス、どちらが飼いやすい？

いろいろな条件を比較する

犬を飼うときに、品種とともに重要視されるのが性別です。一般的には、オスはやんちゃ、メスはおとなしい、とされているので、マンションなどで室内飼いする小型犬を探している人は、メスを選ぶことが多いでしょう。

しかしメスには年に二回ヒート（発情）が訪れ、その時期に情緒不安定になることがあります。ふだんはおとなしい犬にもかかわらず、イライラして飼い主に唸ったりかみつくことも。ヒートは三週間ほどで終了します。

その時期さえがまんすればもとのおとなしい性格に戻ってくれますが、赤ちゃんや小さな子供がいる場合にはこんな変化が年に二回あることを頭に入れておかないと、不測の事態の可能性がありますので、注意してください。

オスはたしかにメスより行動的ですが、個体によって性格は大きく異なります。いちがいに、やんちゃとはいえません。子犬選びのときにある程度把握できますので、そのときにおとなしい犬を選べば、オスでも飼いにくいということはないはずです。

オスは室内でも片脚を上げておしっこをするのでイヤ、という人もいますが、しゃがんでおしっこをするようにしつけができます。これも、それほど問題にはなりません。

ただし、オスにはマーキングをする習性が強く、それに悩まされることがあります。

また、将来繁殖をしたいと考えている場合には、オスを一匹だけで飼っていると難しくなります（知人が同じ犬種のメスを飼っていて、協力してくれる場合は問題ありませんが）。メスを一匹飼いしている場合は、ブリーダーなどに依頼もできますので、比較的楽に繁殖させることができます。

オスの特徴

- やんちゃで行動的
- 片脚を上げて
  おしっこをする
- マーキングをする

ヒートの時期の
メスは
情緒不安定に
なるのよ

メスの特徴

- おとなしい
- 脚を上げないでおしっこをする
- 年２回ヒートが訪れる

コラム

オス犬はたしかにメス犬よりやんちゃで攻撃的ですが、それは人間や同じオス犬に対するときだけ。メス犬と接したときには人間の男性と同じように（？）デレデレとして、かなり横暴なことをされても怒ることはありません。なんとなく親しみが持てますね。

ヒートしたメスのにおいをかぐと性格が一変するオスたち

散歩のときは注意する

メス犬が発情することをヒートと呼びます。この時期、メスは特有のにおい（性フェロモン）を発してオス犬を興奮させます。ふだんはおとなしいオス犬でも他のオス犬とケンカをしたり、発情期のメスをしつこく追いかけて数メートルあるフェンスを駆け上がることもあります。繁殖行動のことだけしか頭になくなり、食欲をまったく失うオス犬もいます。

とにかく、ふだんからは考えられない行動をとるため、自宅や近所にヒートを迎えたメスがいる場合は、散歩などには注意が必要です。

しかし、オス犬にとってヒートを迎えたメス犬と繁殖行動をするのは当然です。これを無理に抑えると、オス犬は強いストレスで毛が抜けたり飼い主に反抗することがあります。

そのため、メス犬の飼い主はヒートが始まったらドッグランや獣医など、他の犬が集まる場所に愛犬を連れて行かないのがマナーです。

ヒートが始まると、メス犬でもオス犬のマーキングのような行動をとる場合があります。これは、性フェロモンをふくんだおしっこをあちこちにかけることによって、オス犬たちに「発情しています」と教える行動なのです。

また、毛ヅヤがよくなり、生殖器が充血して膨らみ、ふだんはおとなしく散歩へ行きたがらない犬でも、落ち着きがなくなって外へ出たがります。この時期にエサをまったく食べないメス犬もいますが、ヒートが終わればまた食べはじめるので心配しないように。

なんとか食べさせようと好物ばかり与えていると、ふだんの食物を食べなくなってしまいますから注意してください。この時期に母乳を出す犬もいますが、おっぱいには触れず、こぼれた母乳を拭くだけにしておきましょう。

ラブラブ
しようよ
性フェロモンを
かいだオス犬は、
繁殖行動のこと
だけしか考えら
れなくなる

コラム

出産経験のない7歳以上のメス犬は、子宮蓄膿症（しきゅうちくのうしょう）という病気を発症する確率が高いとされています。子宮蓄膿症は子宮のなかにウミがたまる病気で、ヒート終了後1カ月前後に発症します。病気の進行は早く、わずか2週間ほどで命を落とすことも。

生殖器からの出血は発情期が近いことの知らせ

犬がはじめて発情するのは生後六〜十カ月。まだまだ子犬だと思っている時期に、突然出血を起こすため飼い主は驚くようですが、一般的なペースですので安心してください。ただし、大型犬の場合にはこれより遅いケースが多く、一年以上たってから発情する犬もいます。

これ以降は年に二回のペースで発情を繰り返しますが、発情の間隔も大型犬は長く、なかには年一回しか発情しない犬もいます。

通常、犬の発情は三週間ほど続きますが、いわゆるヒートとされる期間の中には「発情前期」と「発情期」があります。

発情前期には子宮のなかの血液量が急増して生殖器がはれ、やがて発情出血と呼ばれる出血が起きます。この出血は十日間ほど続きますが量には個体差があり、自分でなめ取ってしまうため出血が確認できない犬もいます。逆に、出血量が多い室内犬の場合には、生理用のパンツをつけておかないとじゅうたんや家具を汚すようになります。

ちなみに、発情前期にはメス犬はオス犬を受け入れようとせず、近づいてきたオス犬にかみつこうとする場合もあります。

大型犬の発情間隔は長い

出血が収まると発情期の始まりです。排卵はこの時期に始まり、十日間続きます。ふだんはまん中にある尾を左右にずらし、オス犬に充血した生殖器を見せるようになります。発情期に入ったメス犬は抵抗力が低下するので、ふだん以上に衛生面での注意が必要となります。

交尾もしていないのに、メス犬のおっぱいが張ってきたりお腹が膨らんでくることがあります。これは「偽妊娠」と呼ばれる現象です。妊娠していない場合には三カ月ほどでもとに戻ります。

犬の発情（三週間）

発情前期	メスはオスを受け入れようとせず、かみつこうとする場合もある
発情期	出血が始まるとメスは尾を左右にずらし、オスに充血した生殖器を見せるようになる

コラム

発情前期のメス犬を土や砂が多いところで散歩させるとお尻が汚れやすく、膀胱炎などの感染症を起こすことがあります。お尻が汚れている場合にはそのまま放置せず、必ずぬるま湯で洗い流してやりましょう。ただし、この時期のシャンプーは厳禁です。

マウントしただけでは不十分、交尾結合の確認を

交配は、メス犬の出血がなくなってから十日間続く発情期の間にします。十日間のうちでも妊娠の成功率が高いのは五日とされていますので、発情期のスタートをできるだけ正確に見きわめるのが大切です。ブリーダーに依頼した場合、この期間内に二回の交配をするのが一般的です。

つがいで飼っていたり、知人と交配をする場合、はじめての発情期を利用しての交配は成功率が低く、しかも血統書も発行されない決まりになっているため、避けたほうが無難です。メス犬の場合、二歳から八歳まで出産が可能とされていますので、その期間を狙って交配するようにします。

交配の方法は、オスとメスをひとつの部屋に入れてお互いの自主性にまかせる「自然交配」が一般的です。しかし、ときには相性や身体的な問題で交尾がうまくいかないこともあります。それも自然の成り行きですが、どうしてもこの二頭の子供がほしいという場合には、オス犬から精液を採取して人工授精をするケースもあります。

この状態のときは驚かせない

自然交配の場合、まずオス犬がメス犬にマウントして交尾をします。しばらくするとマウントは終了しますが、オス犬とメス犬がお尻をつけたままの状態が続きます。これを「交尾結合」と呼びます。すでにオス犬の射精は終わっていますが、この交尾結合が見られないと妊娠する確率は低くなるといわれていますので必ず確認してください。この状態は十～三十分ほど続きますので、絶対に驚かせないように見守ってあげましょう。とくにメス犬が驚いて走り回ると、オス犬が引きずられることになります。

ちなみに、子犬の血統書を申請する場合には、第三者の立ち会いとともに交配時の写真が必要になる場合もあるので、必ず撮影しておきましょう。

自然交配

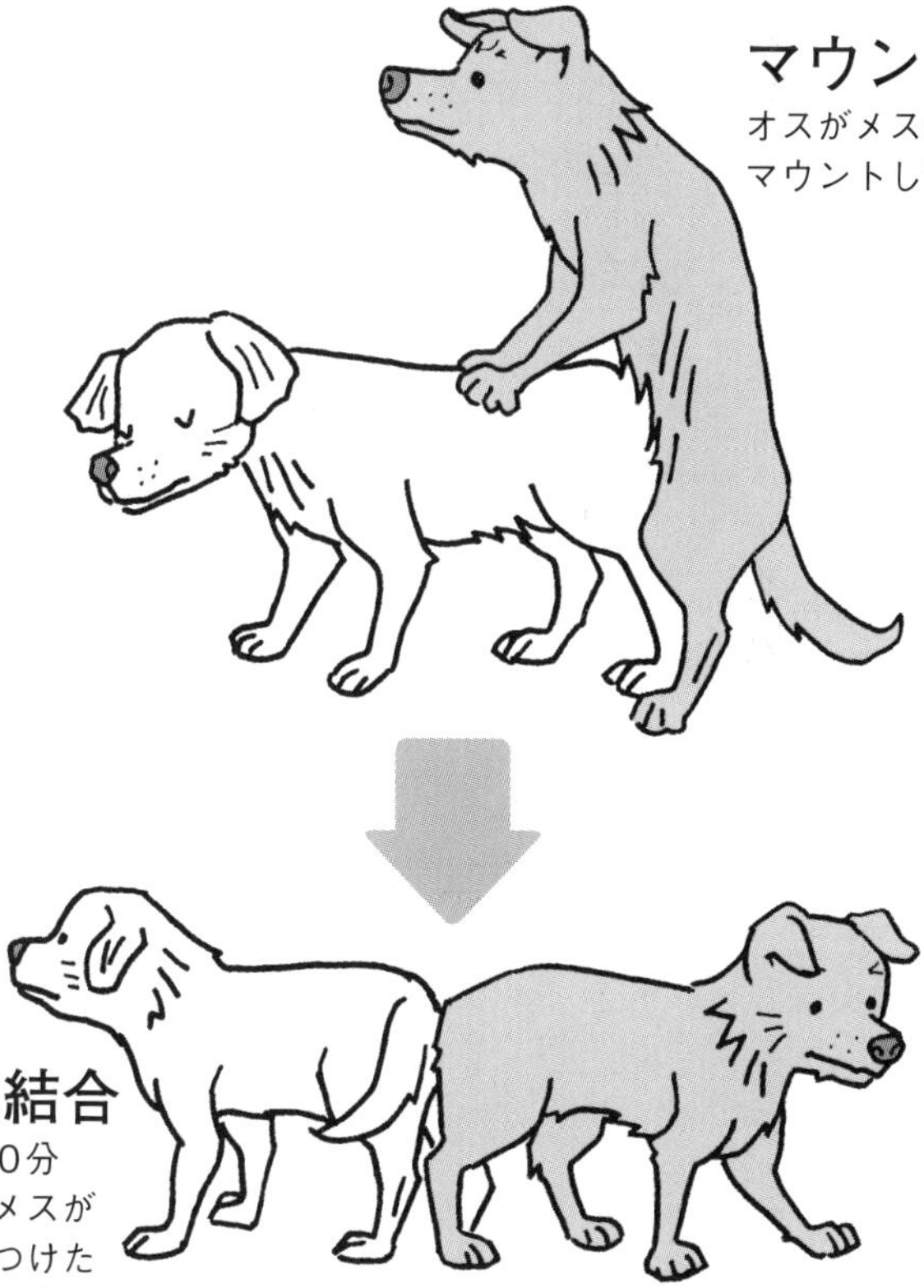
マウント
オスがメスに
マウントして交尾
交尾結合
10～30分
オスとメスが
お尻をつけた
ままでいる

コラム

ヒートのたびに偽妊娠を起こすメス犬がいます。偽妊娠は子宮にストレスを与えます。これが連続すると子宮蓄膿症を起こしやすいとされています。こんな場合は、繁殖をあきらめて不妊手術をしたほうがいいでしょう。

犬の妊娠期間は九週間。受精卵着床までは細心の注意

抱き上げるときは腹部に触れない

交配がうまくいっても、必ず妊娠するわけではありません。とくに受精卵が子宮に着床するまでの三週間は、体に妊娠の兆候がまったく表れませんし、好みや食欲にも変化がないために油断しがちです。

しかし、着床していない受精卵はとても不安定な状態ですから、激しい遊びなどはさせず、散歩する程度にしておきましょう。また、この時期はお風呂も避けましょう。

子宮に受精卵が着床すると妊娠中期に入ります。獣医に触診してもらうと妊娠しているかどうかがわかりますが、食欲と体重の変化でもある程度判断がつきます。まず、受精卵が子宮に着床すると、犬の食欲が落ちることがあります。これは、人間の「つわり」と同じです。

妊娠に成功すると、この時期から体重が増えはじめるので、交配がうまくいったら必ず毎日体重をはかり続けることです。比較的安定している時期なので、お風呂に入れるならこのときがいいでしょう。ただし、この段階でも受精卵が子宮に吸収されて妊娠が中断することがありますから、まだ安心はできません。異変を感じたら獣医に超音波検査をしてもらいましょう。

交配から七週を過ぎると、妊娠後期に入ります。胎児が急激に成長するので、お腹が大きく膨らんできます。そのため、お腹を階段などの段差にぶつけないよう注意をしてやること。また、抱き上げるときにもお腹に触れないようにしてください。

胎児に栄養を与えるので食欲は旺盛になりますが、胃が圧迫されて一度に食べる量は逆に減ります。食べ残してもエサは出しっぱなしにしておいてやりましょう。胃とともに膀胱も圧迫されます。おしっこをする回数も増えるので、ふだん以上にトイレはきれいにしておいてやりましょう。

受精卵が子宮に着床すると
犬の食欲が落ちることがある
プイ

コラム

妊娠40日を過ぎると、レントゲンでも胎児の様子を確認できます。超音波検査よりも解像度の高い画像が得られるので、出産予定日が予測できます。ちなみに、このときに使用するレントゲン量は、母胎にも胎児にも悪影響を与えないものです。

出産が近づいたら段ボールで産室を作ってやろう

出産時にしてやりたいこと

妊娠末期に入ると、ますます食欲は旺盛になりますが、交配から九週間目が近づくと急に食欲が減退します。ウンチがやわらかくなりはじめると、出産は間近ですので、準備を整えます。

まず必要なのが産室です。段ボールでいいので、四方を囲んだ部屋を作ります。大きさは左右、奥行きとも体長の二倍ほど。高さは、生まれた子犬が飛び出さないよう15～20センチほどにします。産室のなかには吸水効果の高い新聞紙を小さくちぎって入れておきます。

産室の置き場所は、静かで落ち着ける場所。寝室などに置き、出産が近づいたら、あらかじめ産室に慣れさせておきます。

生まれたばかりの子犬は羊水《ようすい》で濡れていますから、それを拭き取ってやれるようきれいなタオルも数枚用意しておくこと。また、へその緒は母犬がかみ切るのが普通ですが、かみ切らない際に手伝ってやるため、消毒したハサミ、そして、へその緒を切ったあとに止血する木綿糸も用意しておきます。

多頭飼いしている場合は、妊娠している犬とは隔離しておきます。陣痛が始まり、最初の子犬を出産するまでに三十分～一時間ほどかかるのであせらないように。

子犬が生まれると、母犬は子犬が包まれている袋を破り、へその緒をかみ切ります。袋が破れないと子犬が窒息してしまうので、すぐに破ってタオルで顔を拭いてやりましょう。

二番目以降の子犬は十～三十分間隔で出てきますが、逆子《さかご》は産道でひっかかって出にくいことがあります。この場合はきれいなタオルで子犬を包み、慎重に引っ張り出してやりましょう。もし、十分以上手助けしても出てこない場合は、急いで獣医へ運ぶことです。

産室の作り方

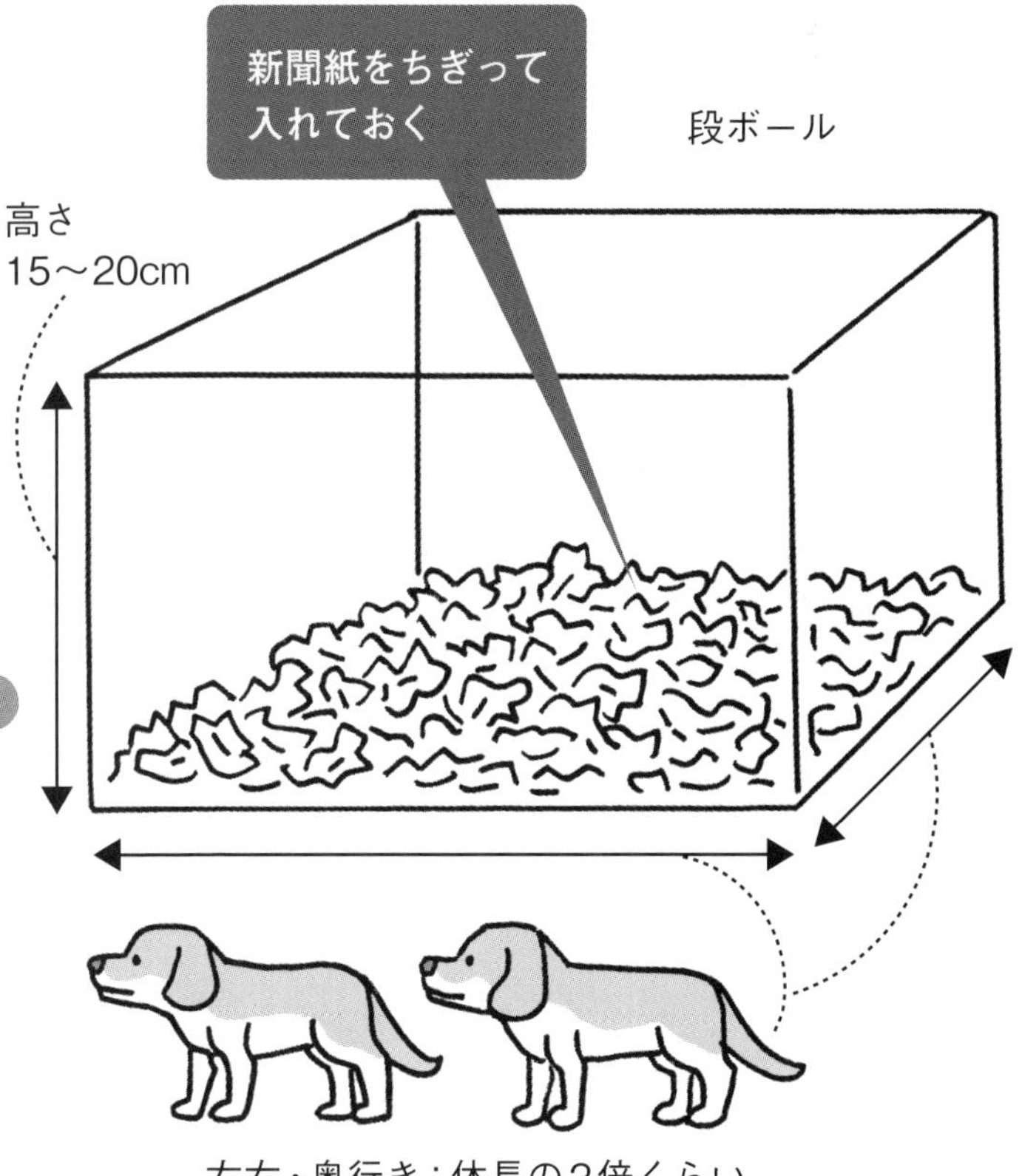

左右・奥行き：体長の2倍くらい

コラム

血統書付きの両親から子犬が生まれた場合、血統書の申請をするのが一般的です。血統書の正式名称は「国際公認血統証明書」といい、日本では国際畜犬連盟（FCI）に加盟している社団法人ジャパンケネルクラブ（JKC）から発行されるものが有名です。

立会人がいないと血統書が受け継がれないことがある

知人同士などでは気をつけよう

しばらく犬を飼っていると、ほとんどの人が「愛犬の子がほしい」と思うようになるそうです。しかし、相手は生き物ですから、ほしいからといって、すぐに手に入るわけではありません。

まず最初に、交配相手を探さなければなりません。つがいで飼っているならその必要はありませんが、オスだけで飼っている場合は、同じ犬種を飼っている知人と、メスだけで飼っている場合には知人に加えブリーダーと交渉するのが一般的です。

ただし、ブリーダーに交配を依頼する場合には交配料が発生します。相手の犬の血統によって金額には差がありますが、十万円近くの金額を請求されるケースもあります。

ちなみに、交配料を支払うかわりに、生まれた子供を配分する「子返し」という方法もあります。この場合は、一頭しか子どもが生まれなかった場合や不妊だった場合にはどうするか、決めておかなければなりません。必ず交配の前にブリーダーと契約書を交しておきましょう。

交配相手を選ぶときには、生まれてくる子犬の幸せを考え、血統だけではなく、遺伝性疾患の有無も必ず確かめましょう。また、交配がはじめての場合は、年上で経験豊富な犬を選ぶと成功率が高くなります。

交配相手が決まったら、オス犬のところへメス犬を連れて行くのが基本です。

注意したいのは、お互いに血統書付きでも、交配時に第三者が立ち会っていないと、生まれた子供に血統書は受け継がれないということです。

相手がブリーダーなら心配はないでしょうが、知人同士や自宅のつがいで交配する場合には、事前に立会人を探しておく必要があります。

私が
立ち会います
交配時に立ち会いがないと、血統書は受け継がれない

コラム

小型犬は一度に2頭前後しか子犬を産みませんが、大型犬のなかには10頭以上産むものもいます。ほとんどのメス犬は乳房を５対持っていますが、それは犬がもともと多産だった証拠です。

子犬を選ぶにはどうしたらよいのか？簡単な性格の見分け方

飼い方によって見きわめよう

飼っている犬とどこで出会ったのかを尋ねると、おそらく、ペットショップかブリーダーという人が多いはずです。それならば、選ぶときに大いに迷ったのではないでしょうか。たくさんいる子犬はどれもかわいい子ばかり。そのなかから一頭を選ぶ――これは犬好きにとってたいへんな苦労ですね。

「だから、情が移らないように、あまりたくさん見ないうちに選ぶ」という人もいるようですが、これから長くつきあうことを考えたら、複数の犬を見て自分にあった性格の犬を選ぶべきです。

十人十色《じゅうにんといろ》という言葉がありますが、犬の性格も一頭一頭異なります。子犬をかまっていると、必ずしゃしゃり出てくる子犬がいます。積極的でいいのですが、飼い主を独占したがる性格です。そのため、すでに別の犬を飼っていたり、複数飼おうと思っている場合にはあまり適さない犬です。

ただし、飼い主を守ろうとする気持ちが強いため、とてもよい番犬やボディガードになってくれる可能性があります。

よく動いていて、初対面の人にも飛びつこうとする犬は、とにかく明るくて外向的な性格。健康維持のため、遊び相手として犬を飼うというなら、元気なこの子できまりです。また、友人がよく訪ねてくるという家でも、この犬なら人見知りしないはずです。

ただし番犬にすると、その外向的な性格が裏目に出て、初対面の泥棒にもなついてしまうので要注意。また、元気すぎて高齢者や子供には手にあまる可能性もあるでしょう。

他の子犬があなたとじゃれているのを遠くから見ている犬は、慎重でおとなしい性格です。頭もいいので、飼いやすい犬です。はじめて犬を飼うときには、この子を選べば苦労が少なくてすむはずです。

ペットショップでの子犬の選び方

頭もよく飼いやすい
あなたが他の子犬とじゃれているのを遠くから見ている
独占欲が強い
他の子犬をかまっているとしゃしゃり出てくる
明るくて外向的
初対面のあなたにも飛びつこうとする

犬の性格は犬種によっても異なります。たとえば、レトリバーやプードルなどは遊び好きで外向的な性格。柴犬やテリア、シェパードなどは警戒心が強いため、優秀な番犬になります。体重が90キロにもなるセントバーナードは意外におとなしい性格です。

コラム

子犬がやってきたら社会化の勉強を必ずさせる

犬にかぎらず、動物の赤ちゃんを見ると、つい笑顔がこぼれてしまいます。これは、人間をふくむすべての哺乳類の脳に「赤ちゃんはかわいい」という指令がインプットされているからだそうです。

しかし、いくらかわいいからといって、甘やかしすぎてはいけません。まだ満足に歩けないような子犬を手に入れたときには、とくに注意が必要です。

「三つ子の魂百まで」ということわざがありますが、それと同じように、犬の性格は生後二週から十二週までの間に決まってしまうとされています。この期間を「社会化期」と呼び、適切なしつけをしないと、問題行動を起こすようになります。

社会化期は、さらに三つに細分化されます。第一期は生後二〜四週。目や耳が使え、歩けるようになるころです。この時期には、できれば他の子犬と一緒に遊ばせます。そうすることによって、自分が犬であると理解します。

適切なしつけをしないと問題が

第二期の生後四週〜七週にも、同年齢の子犬と遊ばせることが大切です。好奇心が発達してきた犬は、他の犬とじゃれあい、かみつきあいます。こうして他の犬とのコミュニケーション方法を学びます。成犬のなかには他の犬との関係を築けないものもいますが、それはこの時期に他の犬と遊ぶ機会がなかったか、少なすぎたためです。

生後七〜十二週は第三期。猫など他の動物と一緒に飼いたいと思っているときには、この時期までに接触させること。社会化期を過ぎてしまうと脳が柔軟さを失い、他の動物を受け入れにくくなってしまうので、注意が必要です。

また、人見知りさせたくなかったら、この時期にたくさんの人と触れあうようにしましょう。

社会化期のしつけ

第一期
生後2～4週

他の子犬と遊ばせよう

まずは自分が犬であると理解させます

第二期
生後4～7週

同年齢の子犬と遊ばせよう

他の犬とじゃれあい、かみつきあい、他の犬とのコミュニケーション方法を学ぶ

第三期
生後7～12週

他の動物と接触させよう

この時期までに他の動物と接触しておかないと、受け入れにくくなる

コラム

社会化期には他の犬との触れあいが大切ですが、ワクチン接種前に多数の犬との接触は危険です。ワクチン接種をしても子犬の免疫力は成犬ほど強くありません。友人・知人などが飼っているワクチン接種歴のはっきりした犬とだけ触れあわせるようにしましょう。

犬にもある反抗期を放置すると自分がボスと勘違いする

社会化期を順調にクリアし、ずいぶん大人びてきたなと感じたころ、急に愛犬が言うことをきかなくなることがあります。

覚えはじめたばかりの「おすわり」や「お手」の号令に従わなくなり、知らんぷりです。頭をなでてやろうとすると手にかみつく始末。とくに幼い子供や女性などに反抗や攻撃をするケースが多いようです。飼い主としては、かまれた痛みよりも「ウチの子はどうしたのかしら」という不安のほうが先立つはずです。

こんな態度の急変は、生後四～七カ月にかけて起きる場合が多く、人間の子供に見られる反抗期のようなものです。ほとんどの犬に見られる成長の通過点なので、あまり心配する必要はありません。ただし、このときの対応を間違うと、その後問題行動を起こすようになるので注意してください。

犬は上下関係に厳しい動物です。しかし、子犬にはまだ自分がどのポジションにいるのかよくわからないところがあります。そこでこんな反抗をして、どこまでそれが許されるのかを確かめ、自分のポジションを知ろうとしているのです。

集団のなかで、すべての反抗（わがまま）が許されるのはボスだけです。つまり、ここで子犬の反抗を「しかたないな。まあいいか」と許してしまうと、犬は自分がボスと思い込んでしまいます。

「すわれ」はお尻を押して

勘違いをさせないためには、この時期にこそ絶対服従を求めること。「すわれ」と命じてもすわらない場合には、お尻を押して無理矢理にすわらせます。すわらないからと何度も「すわれ」と言うだけでは逆効果になります。あくまでも一度の号令で言うことをきかせるようにします。

こうして、「お前の反抗は許されない」と教え込み、飼い主がボスであると認めさせるのです。

反抗期の反抗は絶対許してはいけない。無理矢理にでも服従させ、飼い主がボスであると認めさせること
おすわり
フン

コラム

犬が自分のポジションを知ろうとする場合、まずもっとも力の弱そうな者に向かっていきます。つまり、子供のいる家庭では子供、いない家庭では女性に攻撃を加えるようになります。このときも飼い主（または主人）が、厳しく叱りつけなければいけません。

オスは去勢すると攻撃性が弱まり、病気にもかかりにくくなる

―体重が増加したらカロリーに注意

発情期に交配できないと、オス犬にとってたいへんなストレスになります。繁殖をする予定がないなら、去勢をしたほうが犬にとっても幸せとされています。

去勢とは、オス犬の精巣（つまり睾丸《こうがん》）を除去する手術です。精巣を失うと男性ホルモンが分泌されなくなるため、当然、心や行動、体などに変化が現れます。

まず、性格がおとなしくなります。他の犬に対して攻撃的だったところが消えますから、散歩中のトラブルに悩まされていた飼い主としては、ありがたい変化でしょう。「去勢しても性格は変わらなかった」と感じている飼い主もいるようですが、これは人間に対する性格を見ているためです。

無愛想だった犬が急に人なつっこくなるということはなく、あくまでも他のオス犬に対する性格が変わるだけです。あまり大きな期待は禁物です。

また、マーキングを覚える前に去勢をした場合には、かなり高い確率でマーキング行動を起こさずにすむようになります。すでにマーキングを覚えてしまった場合には、その確率が半分以下に減ってしまうので、いずれ去勢を予定しているなら、生後六カ月前後に手術をしましょう。

去勢をすると、病気にかかりにくくなるというメリットもあります。とくに前立腺肥大やヘルニア、肛門周辺のガンには効果が高く、寿命も三～五年ほど長くなるケースが多いようです。

ただし、去勢をするとほとんどの犬に体重の増加が見られます。10キロ近く太る犬もいますから、犬の健康を考えると不安になります。

これは、相対的に女性ホルモンの働きが強くなったために起こる現象で、根本的な対策はありません。カロリーコントロールで肥満を防ぐようにしてください。

去勢のメリット

去勢すると
太りやすくなるから
気をつけてね
おとなしくなる
マーキングを
起こさずに
済む場合も
病気に
かかりにくい

コラム

オス犬を去勢するときにかかる費用は犬の大きさによって異なります。柴犬などの中型犬の場合、1万5000～2万円というのが一般的です。自治体によっては去勢手術の補助金が出るところもありますので、最寄りの役所に確認してみましょう。

不妊手術後、メスがオスのような行動を見せることも

病気の予防となるメリットも

メス犬は年に二回訪れる発情期に情緒不安定になる場合があります。このような性格変化を避けるために有効なのが不妊手術です。

不妊手術とは、メス犬のお腹を切開して卵巣と子宮をともに摘出する手術。犬の体にかかる負担はかなり大きいのですが、繁殖する予定がないなら、望まない妊娠を避けるためにも実施すべきとされています。

手術に適した時期はオス犬の去勢と同様、生後六カ月前後です。かつては一度出産を経験させてからのほうが好ましいと考えられたこともありますが、現在では根拠のない俗説とされています。

不妊手術をしたメス犬にも、性格や行動に変化が表れることがあります。具体的には、メス犬にもかかわらずマウンティングやマーキングのようなしぐさが見られたり、他の犬に対する攻撃性が見られるようになります。

これは、不妊手術によってホルモンバランスが急激に崩れ、一時的に男性ホルモンの影響が強くなるために起こる現象と考えられています。

ホルモンバランスの崩れは次第におさまり、それとともにこんな行動も見られなくなります。過度に心配する必要はありません。

不妊手術には、さまざまな病気を予防できるというメリットもあります。子宮と卵巣を摘出してしまうため、高齢のメス犬がかかりやすい子宮蓄膿症《ちくのうしょう》の心配はなくなりますし、乳腺の炎症やガンの発症率も大幅に低下します。

デメリットとしては、高齢になってから尿失禁を起こすことがあります。ただし、これは不妊手術を受けたメス犬千頭に対し一頭以下の割合でしか起こらないトラブルで、ホルモン剤を投与することで治療できますから安心してください。

なんだよ!
メス
なのにー
ジャー
不妊手術をしたメスが一時的にマウンティングやマーキングをすることがある

コラム

メス犬の避妊手術は開腹になるため、オス犬の去勢手術よりも5000～1万円ほど高い2～3万円かかるのが一般的です。避妊手術にも補助金を出している自治体が多く、なかには1万円以上の補助をしてくれるところもあります。

【参考資料】

『犬の気持ちがわかればしつけはカンタン！』 藤井聡・著 日本文芸社
『図解雑学 イヌの心理』 武内ゆかり・監修 ナツメ社
『犬の気持ちがわかる本』 柴内裕子・監修 ナツメ社
『叱らない、叩かない 愛犬の困った行動を解決する「言葉」の処方箋』
佐藤真奈美・著 河出書房新社
『図解雑学 イヌの行動 定説はウソだらけ』 堀明・著 ナツメ社
『犬の行動と心理』 平岩米吉・著 築地書館
『なるほど！ 犬の心理と行動』 水越美奈・監修 西東社
『世界大百科事典』 平凡社
『犬の行動学』 エーベルハルト・トルムラー・著／渡辺格・訳 中央公論新社
『世界の犬図鑑―人気犬種ベスト165』 福山英也・監修 新星出版社
『最新犬種スタンダード図鑑』 戎藪豊作・監修 学習研究社

【監修者紹介】

藤井 聡（ふじい・さとし）

オールドッグセンター全犬種訓練学校責任者。日本訓練士養成学校教頭。ジャパンケネルクラブ公認訓練範士。日本警察犬協会公認一等訓練士。日本シェパード犬登録協会公認準師範。1998年度は WUSV（ドイツシェパード犬世界連盟）主催訓練世界選手権大会日本代表チームのキャプテンをつとめ、個人で世界第8位、団体で世界第3位に入賞。訓練士の養成を行なう一方で、国内外のさまざまな訓練競技会に出場。家庭犬のしつけや問題行動の矯正にも取り組んでおり、各地で講演なども行なっている。著書に、『犬の気持ちがわかればしつけはカンタン！』『愛犬・本当に困った時のすぐ効くしつけ！』（以上日本文芸社）、『訓練犬がくれた小さな奇跡』（朝日新聞出版）、『「しつけ」の仕方で犬はどんどん賢くなる』（青春出版社）など多数ある。カリスマ訓練士としてテレビ等でも活躍中。

学校で教えない教科書

面白いほどよくわかる
イヌの気持ち

＊

平成21年6月30日　第1刷発行

監修者
藤井 聡

発行者
西沢宗治

印刷所
誠宏印刷株式会社

製本所
小泉製本株式会社

発行所
株式会社日本文芸社
〒101-8407 東京都千代田区神田神保町1-7
TEL.03-3294-8931［営業］, 03-3294-8920［編集］
振替口座 00180-1-73081

＊

ISBN978-4-537-25686-4
112090625-112090625Ⓝ01
編集担当・村松

URL http://www.nihonbungeisha.co.jp/